韓國理財訓練師的

一行記帳術

韓國理財訓練師的

一行記帳術

韓國知名理財訓練師

朴鍾基　著

為何要使用一行記帳本呢？

我們家每個月都要去湖邊打水一次。每天都去打水不僅很麻煩，到了晚上天色昏暗時，水很容易灑得到處都是，有時還會打破水缸。除此之外，我們也不知道現在到底剩下多少水，還需要補充多少才夠。因此，經過家族會議討論，我們決定製作一個超大型的儲水缸。只要裝滿這個又大又堅固的水缸，直到下個月的打水日之前，我們都不需要去湖邊打水。

萬一未來不夠用，屆時也打算再造一個更大的水缸。這麼一來，家中不會發生因為無水可用必須緊急去打水的狀況。前幾個月，大家都乖乖遵守規定並養成習慣，就這樣過了好幾年。但是，有一天發生問題了。明明每次都有把水缸裝滿裝好，但總是在下次打水日前，水缸就見底了，而且水不夠用的日子越來越快到來。究竟是誰比以前用了更多的水？水缸就這麼大，儲水量不可能變少，我絞盡腦汁思考，但仍然不知道為什麼會發生這種狀況。某天，水又被大家用光，我把頭伸入空無一物的水缸，終於找到了原因。

仔細瞧了瞧，底部不就有個小破洞在那嗎？因為一直沒有發現，隨著時間流逝，破洞逐漸變大，漏水的速度也隨之變快。我雖然找到了原因，卻一直沒把破洞補起來。

這件事一定得處理，但我心想事態沒很嚴重，就這樣拖了十年、二十年，破洞依舊存在。比起水缸裝滿水的日子，水缸沒有水的日子還要更多，隨著年紀增長，到湖邊打水也越來越吃力。直到這一刻我才開始後悔：**「早知道就把洞補好，現在也不用吃這種苦……」**

水缸代表「**家庭存摺**」，
每月打來的水代表「**薪水**」，
至於從破洞流出去的水則代表
無意義花掉的「**浪費支出**」。

我們都很清楚如果把水倒入一個有破洞的水缸，從洞口流掉的水一定比留在水缸的水還要多。如果不改掉亂花錢的壞習慣，我們絕對不可能存錢。咖啡、手機通話費、香菸、飾品、喝杯小酒等等，上述支出時不痛不癢的小錢，在把金額加總後，卻可能占了薪水的一半。一年下來，變成了一筆不可小看的金額。

雖然有點慢了，但我還是把破洞補好，水缸裡的水位也開始慢慢變高。每當我看著裝滿水的水缸，心裡也很踏實。我們開始規劃未來，按照預算過生活。如果想知道水缸為何會漏水，我們要找出破洞的位置；如果想知道錢為何存不下來，我們就必須知道錢花到哪邊去，所以我們一定要懂得記帳。迎接新的一年，年初我們總會想要認真記帳，但就如同每年的新年新希望或是新買的運動器材，過了一兩個月後，記帳本總會被遺忘在抽屜的最深處。

翻開一般的記帳本，等著你的是一堆複雜的空格，但很難知道自己究竟省下多少錢。若想持續且活用記帳本，寫起來一定要簡單扼要，同時可以一眼掌握內容。在這樣的前提之下，我們需要的正是「一行記帳本」。

只需要寫一行，並準備一本月曆即可。

那麼，現在就讓我來介紹這個方法！

｜目｜錄｜

STEP 1 揪出浪費開銷

STEP 2 找出最適合你的生活費

STEP 3 學習有錢人的理財法

一日一行 記帳好輕鬆

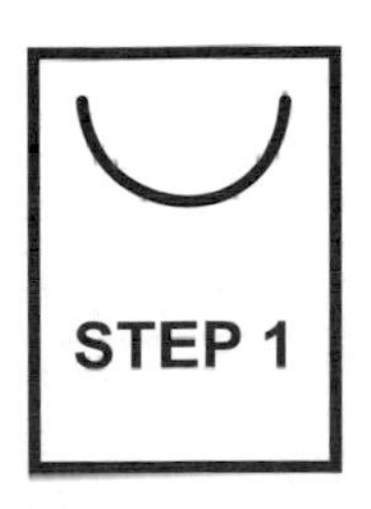

揪出浪費開銷

・記帳總是失敗的原因・錢包的破洞「浪費型支出」・確立具體的節約目標・妥善利用獎勵心理・畫出你的節約藍圖，訂定實踐計畫！（例：酒錢）・我們究竟吃了多少？「餐費」支出可以輕鬆省下・計算符合家庭收入的消費模式・研究可以縮減哪些支出（例：通信費）・一天寫一行，那些讓你後悔的花費・「一日一行記帳本」的寫法・省下浪費變財產的「記帳存摺」

你不是沒錢可管理，
而是因為你不理財，
財才不理你。

記帳總是失敗的原因

年末和年初之際，除了月曆和日記本外，很多人會購買記帳本。期望新的一年能過得更好，我們把願望一字一句的寫在這些本子上。記帳本可以計畫支出，期待能節省花費和提升生活品質。

記帳本可以幫助我們管理各項支出，如果把存錢當作目標，它是很有效的工具。因此每到年底，銀行或女性雜誌附贈的免費記帳本都相當搶手，甚至價格昂貴的特殊設計記帳本，近來銷售量也都不錯。

一旦開始記帳，通常第一個月都會寫得詳細完美。收入欄位填入這個月的薪水和即將分發的獎金等，可預期的收入通通寫上。對照每張發票，回想購物內容，耐心地把金額填在支出欄位。甚至怕有所疏漏，我們還登入網路銀行的信用卡頁面，仔細確認每一筆花費。就這樣，一個月過去了。

總收入	450 萬韓圜（約新台幣 12.2 萬元）[1]
總支出	430 萬韓圜（約新台幣 11.6 萬元）
餘　額	20 萬韓圜（約新台幣 6,000 元）

1 編按：本書韓圜金額均以 TWD/KRW＝37 概算。

「照理來說，應該會剩更多才對啊……」

你發現有 10 萬韓圜（約新台幣 3 千元）行蹤不明，你絞盡腦汁還是不知道錢去哪了。於是，你搖搖頭放棄追究錢的去處。新的一個月份到來，你下定決心這次一定要完美記下每筆花費。你養成收集發票的習慣，但卻有了新的疑問。傳貰（韓國特殊租屋系統，租戶提供一定金額之押金給房東，取得租期間之使用權，房東在租期結束後返還）資金貸款的本金該分在哪一類？你心想貸款還清後，可以重新拿回整筆保證金，於是填到儲蓄欄位。

為了記帳，你從皮夾深處、化妝桌內、餐桌旁、電視架上…等地方找出各式各樣的發票。就這樣，又過了一個月。

總收入	450 萬韓圜（約新台幣 12.2 萬元）
總支出	430 萬韓圜（約新台幣 11.6 萬元）
餘　額	20 萬韓圜（約新台幣 6,000 元）

依然差 10 萬韓圜（約新台幣 3 千元）。「發票我都沒有丟掉啊……記帳內容應該也很完美……」你心裡想著。

到了第三個月，你的心境開始有了變化。**「寫這東西好像也沒什麼改變？」**看著散落在家中的發票，你恨不得把它們全都丟進垃圾桶。

你開始不那麼認真記帳，不過依然完成第三個月的內容。

總收入	450 萬韓圜（約新台幣 12.2 萬元）
總支出	435 萬韓圜（約新台幣 11.7 萬元）
餘　額	15 萬韓圜（約新台幣 5,000 元）

那神祕的 10 萬韓圜仍舊不知去處，與上個月相比，這個月的支出甚至多出 5 萬韓圜（約新台幣 1,350 元）。於是，你下了一個結論：**「記帳只讓我覺得很煩，而且根本沒有任何效果」**。記帳本最後不是被丟到抽屜長灰塵，就是被插在書架上當裝飾品。

究竟，為何我們每年下定決心記帳，最後總是毫無成果的結束呢？

第一，記帳很煩。

普通的記帳本上，總要填寫許多欄位。依序填寫的話，一轉眼就花掉 10 到 20 分鐘。如果需要花很多時間，記帳就變成了一份有負擔的工作，疲勞和麻煩也隨之而來。拖著沉重的身軀下班回到家，晚上應該好好休息，誰還會想做讓人感到疲倦的事呢？難道我們不能簡單整理，輕鬆地結束一天嗎？這就是為什麼我一直強調記帳一定要越簡單越好。

第二，沒有成就感。

分析消費習慣，找出問題點並改善，有計畫的消費省錢，這才是記帳的目的。

不過，市面上販售的記帳本像是「會計帳本」一樣，很難從中觀察錢的流向，也無法直觀判斷浪費在哪些項目。因此，當發生帳目對不上或發現自己花錢如流水的事實時，你總是訝異不已。記帳效果事倍功半，更因為沒有成就感，記帳的意志力也日益薄弱。

第三，沒有明確目標。

無的放矢盲目行事只是浪費時間。少了具體計畫或目標，一味只想著少花點錢，只會讓生活變窮困，但無法達成初期盼望的成果。

縮減開銷談何容易？沒有明確目標和具體實踐計畫，我們很難貫徹始終。

回想過去的記帳方式，如果你曾經發生類似的狀況，那就大膽地把它們通通丟掉。從現在開始，改成下面的方法記帳。

1. 一次只鎖定一個項目，並只需要寫一行。
   簡單又方便！
2. 一眼就能看出消費習慣的問題。

3. 成效用數字呈現，賦予強烈的動機。

4. 具體規劃實踐計畫。

這就是為了忙碌的現代人

所想出來的聰明的——

一行記帳本。

錢包的破洞
「浪費型支出」

當我們開始使用一行記帳本，就會實際感受到兩個變化。

第 1，習慣性支出的金額減少了。

第 2，戶頭餘額越來越多。

一行記帳本的基本概念是減少習慣性支出，存下屬於我的第一桶金。

習慣性支出，我們又稱為——

「浪・費・型・支・出」。

按照字面意思，浪費型支出指的是當你把錢花在不必要的地方時，本人卻無意識或知覺，進而過度消費的現象。首先，我們要知道有哪些開銷歸屬於此，只要適當減少開銷就可以獲得高度回饋。那麼，具代表性的浪費型支出有哪些呢？

具代表性的「五大浪費型支出」

1. 車子
2. 外食
3. 酒
4. 咖啡
5. 電信費

上述的內容有沒有符合的項目？**同時試著回想看看，雖然金額不大，但平常總習慣性、經常性的支出？**如果有符合這些條件就是一行記帳本的目標。我們不妨試著計算看看，如果省下這些開銷，在一個月和一年後，那筆錢會有多少。

即使是平時就很節省的人，只要仔細回想，一定會有一兩筆後悔的花費。把那些錢存下來，過一個月、一年、十年後會是多大的金額？只要這麼想，我們會發現過去覺得微不足道的花費，其實是很大的數字。接下來，訂定我們心中的「目標節約金額」，利用記帳本把錢包的破洞好好補上。

打開皮夾準備付錢時，過去總覺得只是筆小錢，但當我們發現這些微不足道的開銷加總起來，其實是一個巨大的破洞時，我們開始嚴格控管每一筆花費。只要支出變少，存款當然就增加了。只要好好存下這些錢，比起任何投資，我們會發現記帳是最有效的理財手段。

確立具體的節約目標

想要縮減開銷的項目就是我們的「目標」。當支出符合該項目時，我們就寫到記帳本上，書寫的方式也非常簡單。

我們可以購買留白範圍較大的月曆本或是翻到本書的最後面，附錄有提供一行記帳的格式。

〔A 女的一行記帳本，目標：咖啡〕

Sun	Mon	Tue	Wed	Thu	Fri	Sat
合計： 136,000韓圜	1年： 163萬韓圜 10年： 1,632萬韓圜	1 4,000韓圜	2	3 9,000韓圜	4 5,500韓圜	5 5,000韓圜
6 9,000韓圜	7 4,500韓圜	8	9 5,500韓圜	10 5,000韓圜	11 4,000韓圜	12
13	14 5,000韓圜	15 4,500韓圜	16 4,000韓圜	17	18 9,000韓圜	19 11,000韓圜
20 5,000韓圜	21 4,000韓圜	22	23 5,500韓圜	24 4,500韓圜	25 5,000韓圜	26
27 10,000韓圜	28 4,500韓圜	29	30 8,000韓圜	31 4,500韓圜	目標金額： 5萬韓圜 差額： 8萬6千韓圜	存款金額 1年： 103萬韓圜 10年： 1,032萬韓圜

近幾年，越來越多人喜歡喝咖啡。根據統計，韓國人平均一天喝兩杯咖啡。如果是喜歡到專門店買咖啡的人，每個月的開銷更嚇人。因此，我們把記帳目標設為「咖啡」。

目標：咖啡

確立目標後，每喝一杯咖啡，我們就在那天填入金額。當我們寫完一個月份的內容後，請在最上方的空格寫下 1 年和 10 年後的總花費金額。同時，請在最下方的空格填上這個月的「目標金額」。該數字代表這個月內，我們可以花在咖啡上的總預算（目標金額）。

寫下合計金額的理由

為了讓我們徹底了解微不足道的習慣性支出，究竟占了收入多龐大的比例，我們需要寫下合計金額。「明明已經很省著花了，為何錢還是不夠用。我不知道錢去哪了，總是不知不覺就花光。」月光族最常說這類的話。仔細分析可以發現罪魁禍首正是這些「微不足道但習慣性」的支出。付錢時總是不痛不癢，沒想到最後卻影響大局。「合計」項目就是為了讓你對這些「微不足道但習慣性」的支出產生警戒心。

寫下目標金額的理由

記帳的目的是為了減少過度消費，而不是追求零元支出。因此首要之務是確定每月需要花多少錢，訂出「目標金額」後，努力控制才能比上一個月更節省。當有明確的目標後，我們就可以制定具體計畫，增加實踐的意志力。這麼一來，達成目標的機率也更高。

上個月的消費總金額扣除目標金額後，可以算出當我們達成目標，總共能省下多少錢。

上月該項目的支出總額－目標金額

＝若達成目標能省下的錢

「省下的錢」正是達成目標時，我們所獲得的獎勵。以這個金額為基準，計算 1 年和 10 年後的總額並寫在月曆下方的空格。當過去覺得微不足道的支出換算成數字後，我們就能感受到無底洞究竟有多可怕。

使用基本月曆格式的理由

這是為了讓我們能一眼看出該項目在哪天花了多少錢。按照日期記錄的話，我們可以找出浪費型支出的規律性。以咖啡來說，疲勞的星期一總是開銷比較大，星期五則因為聚餐的機會高，酒錢的支出通常也集中在這天。這些規律會隨著每個人的生活習慣和從事的行業別改變，利用規律性可以訂出以節約為目標的實踐計畫。當知道自己某一天錢總會花得特別兇，我們就可以努力省錢。第二種是表格型的記帳法，可以記錄花費的金額和次數。

根據消費類型的不同，我們可以同時使用月曆型和表格型來記帳，或是只選一種自己比較喜歡的格式。

那麼，讓我們一起來寫表格型的一行記帳本吧？

根據先前的內容，一天約花 4,000 至 10,000 韓圜在咖啡上。

目標	咖啡	
日期	金額	次數（杯）
3月1日	4,000韓圜	1
2日		
3日	9,000韓圜	2
4日	5,500韓圜	1
5日	5,000韓圜	1
6日	9,000韓圜	2
7日	4,500韓圜	1
8日		
9日	5,500韓圜	1
10日	5,000韓圜	1

11日	4,000韓圜	1
12日		
13日		
14日	5,000韓圜	1
15日	4,500韓圜	1
16日	4,000韓圜	1
17日		
18日	9,000韓圜	2（公司同事）
19日	11,000韓圜	2（朋友）
20日	5,000韓圜	1
21日	4,000韓圜	1
22日		
23日	5,500韓圜	1
24日	4,500韓圜	1
25日	5,000韓圜	1
26日		
27日	10,000韓圜	2
28日	4,500韓圜	1
29日		
30日	8,000韓圜	2
31日	4,500韓圜	1
合計	136,000韓圜	29杯
1年合計（X12）	1,632,000韓圜	348
10年合計	16,320,000韓圜	3480
下個月目標	50,000韓圜	10杯
差額（省下的錢）	86,000韓圜	可以拿來儲蓄的金額
1年累積的差額	1,032,000韓圜	
10年累積的差額	10,320,000韓圜	

每個月約 13 萬 6 千韓圜（約新台幣 3,700 元）

1 年約 163 萬韓圜（約新台幣 44,000 元）

⋮

10 年 1,630 萬韓圜（約新台幣 440,000 元）

10 年來，共花了 1,630 萬韓圜（約新台幣 44 萬元）買咖啡。

現在我們來設定目標金額。下個月的目標金額是 5 萬韓圜（約新台幣 1,350 元），可以省下 8 萬 6 千韓圜（約新台幣 2,300 元）。

根據這個結果，1 年可以省 103 萬韓圜（約新台幣 2.8 萬元），10 年則可以省下 1,032 萬韓圜（約新台幣 28 萬元），光是省下的咖啡錢就能累積如此大的金額。看到這裡，難道你沒有「一股衝動」想要趕快實踐計畫嗎？

妥善
利用獎勵心理

前一章節提到，之所以要寫下「目標金額」是因為一行記帳法並非追求零元消費，而是要把過度消費調整成適度消費。單純因為喝咖啡很浪費錢，我們就要求愛喝咖啡的人完全戒掉咖啡，前兩個月他們或許還能忍耐，但相信過不了多久，大部分的人就會放棄。

在「目標金額」旁寫上「差額」是為了賦予人們執行的動機。一開始可能只是幾十幾百塊，但在一年或十年後，想到這筆錢可能成為自己的第一桶金，我們也就有動力節省開銷。我們可以把存下來的錢當投資理財的基金，也可以購買曾讓你心動卻一直捨不得動用戶頭存款的商品。只要設立目標，記帳就變成一件開心的事。記帳時記錄下消費次數，可以掌握一天和一個月消費頻率的多寡。

●少喝一杯咖啡，真能變成有錢人？

A 女平常就很喜歡喝咖啡，雖然即溶咖啡不難喝，但為了轉換心情，她一天至少到咖啡廳買一杯咖啡，每日花費從 4,000 到 10,000 韓圜不等。只要一想到每天發生的鳥事就覺得反正錢是投資在自己身上，一切都很值得。不過，若把這些開銷省下來，究竟會有多少錢呢？

〔A 女的一行記帳本，目標：咖啡〕

SUN	MON	TUE	WED	THU	FRI	SAT
合計： 136,000 韓圓 30 杯	**1 年： 163 萬韓圓 10 年： 1632 萬韓圓**	1 4,000 韓圓 1 杯	2	3 9,000 韓圓 2 杯	4 5,500 韓圓 1 杯	5 5,000 韓圓 1 杯
6 9,000 韓圓 2 杯	7 4,500 韓圓 1 杯	8	9 5,500 韓圓 1 杯	10 5,000 韓圓 1 杯	11 4,000 韓圓 1 杯	12
13	14 5,000 韓圓 1 杯	15 4,500 韓圓 1 杯	16 4,000 韓圓 1 杯	17	18 9,000 韓圓 2 杯	19 11,000 韓圓 2 杯
20 5,000 韓圓 1 杯	21 4,000 韓圓 1 杯	22	23 5,500 韓圓 1 杯	24 4,500 韓圓 1 杯	25 5,000 韓圓 1 杯	26
27 10,000 韓圓 2 杯	28 4,500 韓圓 1 杯	29	30 8,000 韓圓 2 杯	31 4,500 韓圓 1 杯	**目標金額： 5 萬韓圓 差額： 8 萬 6 千韓圓**	**存款金額 1 年： 103 萬韓圓 10 年： 1,032 萬韓圓**

這本記帳本的主人目標是減少咖啡的開銷。現在她已經達成目標，每個月平均只花費 62,000 韓圜（約新台幣 1,700 元）在咖啡上。下面的四個方法是幫助她縮減消費的訣竅。

縮減咖啡開銷的實踐計畫

1. 上班時，喝公司提供的即溶黑咖啡。
2. 在家時，喝超商販賣的黑咖啡。
3. 和朋友聚會時，避免約在價格昂貴的咖啡連鎖店，盡量約在價格低但 CP 值高的小咖啡館。
4. 如果順利省下錢，2 年後可以拿來買昂貴的毛皮大衣（金額約 150 萬韓圜），因為品質好，買來也可以穿很久。

不到兩年，A 女順利達成目標，買下她心目中的夢幻逸品。現在她持續寫著一行記帳本，為了達成其他更遠大的目標。

吃得多不如吃得巧。
當我們要挑蘋果吃的時候，
不要吃一堆便宜貨，
而是要懂得挑出一顆
最大最貴的來吃。

畫出你的節約藍圖，
訂定實踐計畫！

〔例：酒錢〕

「我一直以來喝掉的酒，都可以買一棟房子了。」愛喝酒的人經常會說這句話。

喝掉的酒真的足夠買一間房子嗎？根據韓國保健福利部最新公布的資料，韓國人每人一年平均的酒精攝取量為 8.9 公升。

換算成燒酒是 123 瓶，換算成 500cc 的罐裝啤酒則是 356 罐。以頻率來計算的話，大約是 3 天喝一瓶燒酒或是每天都喝一罐啤酒。換算成金額的話，可以參考下方的算式。

燒酒：4,000 韓圜×123 瓶＝約 50 萬韓圜

（約新台幣 1.4 萬元）

罐裝啤酒：3,500 韓圜×356 瓶＝約 90 萬韓圜

（約新台幣 2.4 萬元）

但別忘了，喝酒少不了下酒菜，下酒菜的平均費用是酒錢的 3 至 4 倍。如此一來，韓國人一年平均花費 200 到 300 萬韓圜（約新台幣 5.4 萬到 8.1 萬）喝酒，金額大約是普通上班族一個月的薪水。若是喜歡高級居

酒屋的氣氛或習慣喝稍微高級一點的酒，開銷就更大。酒攝取過量除了會對人體健康有害，也會影響家庭財務，因此我們把「酒錢」當成記帳的目標。

●比酒還貴的下酒菜

韓國人真的很喜歡喝酒，包括我自己在內。久未碰面的朋友相聚時，為了表達相思之情，我們總會喝上一杯。或許是因為這樣，晚上聚餐時，我們總習慣配點小酒。氣氛好的時候，一杯、兩杯……很容易就越喝越多。我們只喝酒嗎？喝酒當然得搭配美味的下酒菜。在這種情況之下，酒錢超出預期的 2、3 倍，再加上下酒菜的費用，結帳金額瞬間膨脹了好幾倍。

喝醉再加上現場氣氛助興，我們很容易飲酒過量，即便結帳金額驚人，付錢當下通常都不覺得心痛。這就是為什麼我們常取笑愛喝酒的人，他們的皮夾總是特別薄。一點小酒可以讓人感到心情愉快，不會危害身體健康。一旦過量，對家庭經濟和健康都有壞處。為了家庭和身體健康，我們必須少喝點酒，並把記帳的目標設定為「酒錢」。

我們除了會在餐廳或居酒屋喝酒，有時也會在家裡喝酒。如果是在家喝，我們只需記錄買酒花了多少錢。如果是在餐廳或居酒屋，酒錢和下酒菜的金額都要記錄下來。為了區分喝酒發生的地點，金額下方標明是家或餐廳。

如果發現我們經常在餐廳喝酒，為了減少花費，盡量回家再喝。如果是喝酒的次數太多，為了減少花費，我們就要少喝點酒。

〔目標：酒錢〕

Sun	Mon	Tue	Wed	Thu	Fri	Sat
		1 5,000 韓圜 家	2	3 23,000 韓圜 餐廳	4	5 55,000 韓圜 餐廳
6 10,000 韓圜 家	7 45,000 韓圜 餐廳	8	9	10 4,000 韓圜 家	11 4,000 韓圜 家	12
13 33,000 韓圜 餐廳	14	15 38,000 韓圜 餐廳	16 5,000 韓圜 家	17	18 4,000 韓圜 家	19
20 4,000 韓圜 家	21	22 38,000 韓圜 餐廳	23	24 64,000 韓圜 餐廳	25	26 10,000 韓圜 家
27 34,000 韓圜 餐廳	28	29 6,000 韓圜 家	30	31 22,000 韓圜 餐廳		

合計	404,000 韓圜	**目標金額**	200,000 韓圜
1 年	4,848,000 韓圜	差額合計	204,000 韓圜
10 年	48,480,000 韓圜	1 年儲蓄	2,448,000 韓圜
		10 年儲蓄	24,480,000 韓圜

〔一行記帳表格型〕

目標	酒錢	
日期	金額	家/餐廳
3 月 1 日	5000 韓圜	家/啤酒 2 瓶
2 日		
3 日	23,000 韓圜	餐廳/小米酒 2 瓶
4 日		
5 日	55,000 韓圜	餐廳/小米酒 2 瓶
6 日	10,000 韓圜	家/啤酒 4 瓶
7 日	45,000 韓圜	餐廳/小米酒 2 瓶
8 日		
9 日		
10 日	4,000 韓圜	家/小米酒 2 瓶
11 日	4,000 韓圜	家/小米酒 2 瓶
12 日		
13 日	33,000 韓圜	餐廳/小米酒 1 瓶
14 日		
15 日	38,000 韓圜	餐廳/小米酒 2 瓶
16 日	5,000 韓圜	家/啤酒 2 瓶
17 日		
18 日	4,000 韓圜	家/小米酒 2 瓶
19 日		
20 日	4,000 韓圜	家/小米酒 2 瓶
21 日		
22 日	38,000 韓圜	餐廳/生啤酒 4 杯
23 日		
24 日	64,000 韓圜	餐廳/生啤酒 4 杯
25 日		
26 日	10,000 韓圜	家/啤酒 4 罐

27 日	34,000 韓圓	餐廳/小米酒 2 瓶
28 日		
29 日	6,000 韓圓	家/小米酒 3 瓶
30 日		
31 日	22,000 韓圓	家/啤酒 6 罐
合計	404,000 韓圓	18 次
1 年合計（X12）	4,848,000 韓圓	216 次
10 年合計	48,480,000 韓圓	2160 次
下個月目標	200,000 韓圓	10 次
差額（省下的錢）	204,000 韓圓	
1 年儲蓄金額	2,448,000 韓圓	
10 年儲蓄金額	24,480,000 韓圓	

因為妻子平常也蠻愛喝酒，所以我們一起記錄內容。3 月份總共喝了 18 次，其中有 8 次是在餐廳。一個月的酒錢花費大約 40 萬韓圓（約新台幣 1.1 萬元）左右，等於一年的開銷是 500 萬韓圓（約新台幣 13.5 萬元）。省錢是要從日常生活中做起，用把計算單位拉長成 10 年或 20 年的話，「喝掉一棟房子」這句話，並非口說無憑。我們開始記帳後發現花費比預期來的高，所以決定把目標設為減少一半的花費。

下個月的目標金額：

200,000 韓圜（約新台幣 5,400 元）

訂下目標金額後需要一個「具體的實踐計畫」。

縮減酒錢開銷的實踐計畫

1. 控制喝酒次數。一個月以 10 次為上限，即 3 天可以喝 1 次。等到習慣每月 10 次後，再減少至 6 次。
2. 一個月最多在餐廳喝 2 次，盡量回家吃晚餐時才喝。
3. 啤酒只選超市有打折的商品。
4. 每月直接向釀酒廠訂一整箱的小米酒。（便宜又好喝）

5. 和朋友見面時，盡量約在中午，減少傍晚聚餐的次數。（因為晚餐幾乎都會喝酒）
6. 喝酒時，記得也要多喝水。（減少酒的攝取量，比較不會宿醉）

訂定具體計畫並實踐。之後，我們繼續以酒錢為目標來記帳。

下一個月

- 一個月的酒錢：234,000 韓圜（超出目標金額 34,000 韓圜）
- 喝酒的次數：9 次（達成目標）
- 家/餐廳：只在餐廳喝 1 次（達成目標）
- 和前一個月相比：省下 170,000 韓圜這個月，我們在銀行開了一個新的定存帳戶，並把省下的 17 萬韓圜（約新台幣 4,600 元）存進去。3 年後，我們計畫用這個帳戶的錢，全家一起去國外旅行。希望下個月能努力省下 20 萬韓圜，並且每個月都能存 20 萬韓圜到戶頭。

我們究竟吃了多少？
可以輕鬆省下的「餐費」支出

韓國人真的很愛吃，而且將吃視為一件重要的事。不然，我們怎麼會一見人就問「吃飽了嗎？」這種打招呼的方式算是韓國的特有文化。基於這個原因，我們通常不太計較餐費的多少。

「我不想連吃東西都有壓力。」

「再怎麼會吃，也吃不了多少錢。」

其實，餐費占生活費的比重出乎意料地高。最近，韓國農林畜產食品部以國人的月平均餐費為主題發表了一篇文章提到：

韓國人每月平均餐費是 509,430 韓圜
（約新台幣 1.4 萬元）

3 人以上的家庭餐費可能比這個數字還高，其中約 20 萬韓圜是外出用餐的花費。特別是 1 人家庭或雙薪家庭，外食費用的占比會更大。當家庭財政出現困難時，大多數的人都會把縮減外食費與食材費當作首要目標。這兩項都是屬於「餐費」，代表我們平時花很多錢吃東西，所以想要省錢時，「餐費」也最容易被省下。其實只要降低「外食費」的比例，就可以省下很多錢。

舉例來說，韓國人最常選擇的外食餐廳是「烤肉店」。烤豬五花 1 人份價格從 9,000 到 12,000 韓圜不等（約新台幣 240 到 320 元），每個人通常吃超過 1 人份，以 3 人家庭點 5 人份計算，一餐的開銷約 5 萬韓圜（約台幣 1,350 元）。若是食量大的家庭，有時隨便吃就超過 10 萬韓圜（約新台幣 2,700 元）。

如果自己在家烤來吃的話，花費可能少一半，選擇也更加豐富，但一想到吃完還要洗碗以及殘留的味道，我們還是偏好到外面餐廳享用。不過，太常吃外食不僅會影響財務，更不利於家人健康。

以同樣的餐點來說，無論是價格或健康考量，自己做的家常菜在各方面都優於外食，而且還能防止暴飲暴食。雖然在家吃的好處很多，但我們依然很難放棄外食的方便性。因此，用金錢的理論來說服自己應該是最有效的方法。比起「對身體好」這句話，大家還是對數字比較敏感。

那麼，讓我們以「外食費」為目標記帳吧！

外食分成兩類，一種是在餐廳享用的「正餐」，另一種則是炸雞、披薩、麵包等「點心」，超市賣的飲料、酒、下酒菜、餅乾等也屬於點心類。

〔目標：外食費用〕

Sun	Mon	Tue	Wed	Thu	Fri	Sat
		1 12,000 韓圜 炸醬麵	2 19,500 韓圜 麵包、餅乾	3 23,000 韓圜 炸雞	4 7,000 韓圜 辣炒年糕	5 13,000 韓圜 漢堡
27 34,000 韓圜 披薩	28	29 6,000 韓圜 咖啡	30 17,000 韓圜 下酒菜	31 22,000 韓圜 啤酒、下酒菜		

合計	450,000 韓圜	目標金額	250,000 韓圜
1 年	5,400,000 韓圜	差額	200,000 韓圜
10 年	54,000,000 韓圜	1 年	2,400,000 韓圜
		10 年	24,000,000 韓圜

這是按照一般韓國人外食的習慣寫的記帳本。每月如果花費 45 萬韓圜（約新台幣 1.2 萬）的話，1 年就是 540 萬韓圜（約新台幣 14.4 萬），10 年累積的開銷則高達 5,400 萬韓圜（約新台幣 144 萬）。看到這個數字後，我們應該很難啟口說出「哪能吃掉多少」這句話。

外食費開銷節省至 25 萬韓圜（約新台幣 6,700 元），每個月儲蓄 20 萬韓圜的話（約新台幣 5,400 元），

↓

一年 240 萬韓圜（約新台幣 6.5 萬元），十年可以存到 2,400 萬韓圜（約新台幣 65 萬元）。

努力減少外食開銷，想著省下來的錢可以用在哪，我們能獲得更大的動力。舉例來說，當開銷變少，每個月省下的 20 萬韓圜，可以開立個人年金存戶。過去因為手頭沒有閒錢，總是擔心退休後生活，現在不就找到

解決備案了嗎？

最近有位朋友因為常吃外食有了不少苦惱，不僅體重增加，連餐費也暴增不少，於是我建議他用記帳來省錢，結果他開玩笑地說：「至少在吃這方面，讓我放心的吃吧！」

不過，如果真的放心去吃，對財務和健康都有壞處，這樣真的還能「放心」吃嗎？

為了縮減外食開銷的具體計畫

1. 一個月外食次數不超過 2 次。
2. 學做料理，增加在家煮飯的次數。
3. 喝水取代飲料。
4. 如果吃了外食，咖啡和甜點就在家吃。
5. 酒席聚餐不續攤，如果覺得喝不夠，回家再喝。
6. 不要養成叫炸雞或披薩等外送的習慣。
7. 和朋友聚餐時，結帳各付各的。

8. 逛超市時，主要購買食材類的商品，餅乾點心類必要時才少量購買。
9. 肉類、水果和魚等新鮮食材可以等到超市每日結束營業前，推出促銷價格再購買。餅乾點心類，千萬不要因為「特價」兩個字，就失心瘋地大量購買。
10. 冰箱不要冰超過 70％的容量。

如果你每個月外食次數超過 5 次或常吃零食的話，可以試著寫一行記帳本，增加在家煮飯的次數，減少外食的頻率。除了可以改善家庭經濟狀況，同時也兼顧到家人的身體健康。

計算符合家庭收入的消費模式

〔例：汽車〕

近來，一家有一台車是相當普遍的狀況，擁有兩台車的家庭也逐漸增加。但是，觀察住家大樓的停車場可以發現平日白天依然停滿車子。油價飆漲和塞車問題讓許多有車族寧可搭大眾運輸工具上下班，只有短暫外出或周末出遊時才會開車。

平日不開車，開銷會減少嗎？當我們即將忘記時，牌照稅、燃料稅繳費單、車險到期通知書就會出現在信箱裡。車子牽到保養廠檢查，師傅總會告訴你引擎機油、輪胎、電池等零件需要更換。究竟養一台車要花多少錢呢？

●以韓國國民汽車 2.0L 的 Sonata 為例，不包括油錢的平均成本：

1. 購車金額：2,500 萬韓圜
2. 領牌費：約 190 萬韓圜
3. 分期付款利息和金融手續費：約 120 萬韓圜（2 千萬韓圜分期利率 3%）
4. 行車紀錄器和導航機：50 萬韓圜
5. 保險費：年約 80 萬韓圜
6. 牌照稅、燃料稅：年約 45 萬韓圜
7. 更換機油等消耗品：年約 50 萬韓圜
8. 停車費和過路費等其他費用：年約 60 萬韓圜

買一台車至少要花 2,860 萬韓圜（約新台幣 77.3 萬），每年養車費用 235 萬韓圜（約新台幣 6.35 萬）。除了固定支出，車的價值也會隨使用年數下滑，因此還得計算肉眼看不見的折舊成本。3 年中古車市值通常只有新車的一半，2,860 萬韓圜購買的 2.0L Sonata，每年折舊成本約 400 萬韓圜（約新台幣 10.8 萬）。不計算油錢的花費，汽車一年開銷超過 600 萬韓圜（約新台幣 16.2 萬）。除了每天開車上下班和跑業務的人之外，對只是周末短暫出門或特殊需求才使用車子的人來說，每年養車支出 600 萬韓圜是一大負擔。

如果不自己開車，有需求時以計程車代步呢？

舉例來說，從江南地鐵站到光化門約 12 公里，計程車資費約 15,000 韓圜（約新台幣 405 元）。根據搭乘次數的多寡，我們可以計算出一年的花費。

1 周搭 2 次，1 年花費 156 萬韓圓（約新台幣 4.2 萬）

1 周搭 4 次，1 年花費 312 萬韓圓（約新台幣 8.4 萬）

每天搭乘，1 年花費 547 萬韓圓（約新台幣 14.8 萬）

很少人會每天都搭計程車，就算我們每天都搭計程車，花費還比養車的開銷少。如果有特殊需求時，我們可以租車解決。近來人們開始有車輛共享的概念，所以也容易用便宜合理的價錢借到車。若是住在大眾運輸發達的地區，沒有車也很方便。上下班搭「大眾運輸工具」，趕時間搭「計程車」，出遊則可以搭「火車」或選擇「租車」。

利用一行記帳本記帳可以掌握養車的開銷，究竟養車有沒有比較划算？現在開的車是否符合家庭的財務狀況？和其他開銷不同，車子適合以 6 個月、1 年為單位記帳，所以推薦大家用表格記帳。

〔一行記帳術-表格型〕

目標	家用車（3月至2月，1年期間）	
日期	支出內容	金額
3月2日	油錢	50,000韓圜
10日	車貸分期	345,000韓圜
11日	油錢	50,000韓圜
24日	機油	60,000韓圜
25日	油錢	50,000韓圜
4月5日	停車費	4,000韓圜
10日	車貸分期	345,000韓圜
7月30日	牌照稅	240,000韓圜
8月2日	油錢	50,000韓圜
8月10日	車貸分期	345,000韓圜
8月13日	保險費	768,000韓圜
8月21日	輪胎（前輪2個）	220,000韓圜
2月22日	油錢	50,000韓圜
26日	機油	60,000韓圜
27日	過路費	6,000韓圜
1年合計		8,000,000韓圜
10年	80,000,000韓圜	
年目標	5,000,000韓圜	
差額	3,000,000韓圜	
10年	30,000,000韓圜	

〔關於年支出金額〕

- 30 歲上班族，2.0L 車輛，上下班用，1 天平均開 10km
- 車輛價格 2,400 萬韓圓（約新台幣 64.9 萬）車貸分期 1,200 萬韓圓（約新台幣 32.4 萬），36 個月，利率 3%
- 每月加 4 次油，5 萬韓圓／次（約新台幣 1,500 元／次）

支出項目	金額	備註
車貸分期	414 萬韓圓	345,000 韓圓×12 個月
油錢	240 萬韓圓	50,000 韓圓×49（每月 4 次）
稅金	52 萬韓圓	根據地區會有所不同
機油	12 萬韓圓	一年 2 次
輪胎	22 萬韓圓	一年換 2 個
停車費和過路費	60 萬韓圓	月平均 5 萬韓圓
合計	800 萬韓圓	

1 年 800 萬韓圓（約新台幣 23 萬），3 年後分期付

款全部繳完，一年仍需花費 386 萬韓圜（約新台幣 11 萬）在車子上。假設一台車開 10 年，10 年總開銷為 5 千萬韓圜（約新台幣 143 萬）。

這樣還有辦法存錢嗎？如果養車費用佔所得比太高，我們應該重新設定合理的目標金額，檢討各項消費，找出可以減少花費的項目。

目標金額：年花 240 萬韓圜（每個月 20 萬韓圜）（約新台幣 6.5 萬，每個月 5,400 元）

縮減養車開銷的實踐計畫

1. 車子並非必需品，根據平常的移動路線，計算利用大眾運輸工具或計程車的花費。萬一花費沒有超過目標金額，大膽地把車子賣掉吧！

2. 若一定得開車，以目標金額為上限，更換成小型車或省油車。
3. 請記得車子是因為有需求才買，而不是開給外人看，車子只是一件消耗品。

原先開 20.L 車的上班族，寫完一行記帳本決定賣掉車子，把車子處理掉所剩餘的 1,200 萬韓圜（約新台幣 32.4 萬）買了一台中古小型車。

〔養車一年的費用比較〕

- 現代 The New Avante MD 1.6L Smart 2013 年的中古車
- 購車價格：1,200 萬韓圜（約新台幣 32.4 萬）

支出項目	2.0L 汽油車	1.6L 柴油車	差額
車貸分期	為單純比較養車的費用，不把車貸分期費用納入計算		
油錢	240 萬韓圜	130 萬韓圜	110 萬韓圜
汽車稅金	52 萬韓圜	28 萬韓圜	24 萬韓圜
機油	12 萬韓圜	6 萬韓圜	6 萬韓圜
輪胎	22 萬韓圜	12 萬韓圜	10 萬韓圜
停車費和過路費	60 萬韓圜	60 萬韓圜	0
合計	386 萬韓圜	236 萬韓圜	150 萬韓圜

*假定相同的里程數、油價和燃料效用

換車後每年花費：236 萬韓圜（約平均每月 20 萬）（約新台幣 6.5 萬，每個月 5,400 元）

差額：一年 150 萬韓圜（約新台幣 4.1 萬），十年 1,500 萬韓圜（約新台幣 41 萬）

車子排氣量只少了 400cc，一年卻可以省下 150 萬韓圜（約新台幣 4.1 萬）的養車費用，10 年後可以存下

1,500 萬韓圜（約新台幣 41 萬）。若連隨著車齡增加的折舊費也計算進去，每年其實是省下了更多錢。車子的確可以增添生活的色彩和便利性，但若購買超出負擔能力的車子，對家庭經濟帶來的影響不可小覷。不僅是車子，日常生活中許多的固定支出，優先必須考量家庭經濟能否負擔，而不要只顧慮外人的想法。

「世間事都有其道理。

想要比別人多賺 2 倍的錢，就得付出 2 倍的努力；

想多賺 10 倍，就需要付出 10 倍的努力。

不過，身體感到疲勞時，我們會不想努力，

並且覺得萬事都很煩人。

即便是一定得處理的事情，

我們也會開始找理由推遲或隨便應付。

如果沒辦法跳脫惡性循環，我們將一事無成，

自然而然地被淘汰掉。」

依照使用精力的方式，有人能夠成為富翁，有人則是得過且過的過日子。

研究哪些支出可以縮減

〔例：通信費〕

高科技為生活帶來許多光彩，特別是網路和智慧型手機對人類的生活帶來巨大改變。現今社會幾乎人人都有手機，隨時隨地都能連上網路。在市場經濟機制下，想要享受方便就需付出金錢代價，這就是所謂的消費財。我們以大家都有經驗的「通信費」為例來說明。

韓國 2 人以上的家庭，每月平均支出的通信費是 150,350 韓圜（約新台幣 4,000 元），位居 OECD 國家中的第三名。（第一名為美國，第二名為日本）

*以韓國統計廳公布的資料為準

OECD 國家中，韓國排名第三位，僅次於美國和日本。由於美國和日本的收入水準比韓國還要高，相比之下韓國可算是支出最高的國家。通信費除了有手機月租費和家用電話費外，網路費和電視第四台費用也都包含在內。若把所有項目加總起來入，家庭每人需負擔的通信費會高於政府公布的數字。

以一家三口基準，我們來試算平均通信費用。

〔家庭每人平均通信費〕

智慧型手機	155,000 韓圓（3 台）
網路、電視第四台費用	22,000 韓圓
電視基礎使用費、家用電話	26,000 韓圓
合計	203,000 韓圓

*以 3 人家庭為基準

實際詢問親朋好友後，許多人因為手機分期付款等原因，花費在智慧型手機上的金額，其實比上方表格記載的還要多。

究竟為什麼開銷這麼大呢？

手機平均使用壽命是 15 個月

有 77%的人會在 12 個月內更換手機

*出處：未來創造科學部

相較於其他國家，韓國人手機汰舊換新的周期短，因此手機費越來越貴。我們之所以會在短時間內換手機，很大的原因是敲邊鼓的手機製造商和電信業者。手機製造商不斷推出新產品，並找來人氣明星當代言人暗示你快點跟上潮流。電信業者則推出各種優惠折扣，像是不需支付違約金罰款等福利，反而讓沒換手機的人覺得虧大了。

不過，仔細研究那些高額的優惠方案後，我們會發現其實沒有比較划算，有時就像寓言故事中朝三暮四的猴子一樣，並不會省下比較多的錢。

韓國政府推行特定法案限制手機補助金上限，原意是為避免電信業者和製造商暗中勾結，但最後卻增加了一般民眾的負擔。

現在就讓我們利用「一行記帳本」，站在使用者的角度訂出合理的電信費預算。

目標：電信費

我們的目標是節省電信費用，請寫下每個月的手機費、家用電話、網路和電視等所有費用的金額。

〔電信費的一行記帳法／表格型〕

目標金額：120,000 韓圜（約新台幣 3,200 元）

目標	電信費	
日期	項目	金額
3 月 20 日	手機（爸爸）	65,000 韓圜
22 日	手機（媽媽）	55,000 韓圜
25 日	手機（子女）	45,000 韓圜
25 日	網路、電視	33,000 韓圜
30 日	家用電話	6,000 韓圜
合計	204,000 韓圜	
1 年合計（X12）	2,448,000 韓圜	
10 年合計	24,480,000 韓圜	
下個月目標	120,000 韓圜	
差額合計	84,000 韓圜	可用來儲蓄的金額
1 年儲蓄額	1,008,000 韓圜	
10 年儲蓄額	10,080,000 韓圜	

縮減電信費開銷的實踐計畫

1. 挑選手機費率方案時，先了解自己的使用習慣，再選擇比現在便宜一階的方案。隨時注意通話量和數據使用量，如果數據使用占較高比例，非必要使用網路時，記得把行動數據關掉。
2. 購買新手機時，與其選擇最新型機種，建議選擇已上市一陣子，但在功能上 CP 值相對高的機種。
3. 確認信用卡的優惠方案。（針對手機費，大部分的信用卡公司都有推出優惠卡種。每月消費 30 萬韓圜以上，平均約可折扣 1 萬韓圜）
4. 比起網路電話，家用電話改為使用 KT 一般電話，支付基礎使用費即可。平日用來接聽電話或在緊急時刻使用。（網路電話費率雖便宜，但要使用變電器和充電器插電使用，電費昂貴且機器故障頻率高。若在合約期間解約，需支付違約金等等。）

5. 使用相同的電信服務商可享有家族優惠。
6. 取消不常使用的付費服務。
7. 65 歲以上的銀髮族，電信業者通常會推出專屬的優惠方案。（例：銀髮族月租方案每月只要 9,900 韓圜。）
8. 數據使用量和通話量少的人，可以選擇大省機。（郵局大省機非常便宜，基本月租費只要 1,000 至 4,000 韓圜。）
9. 第四台費用，只需購買主要在看的頻道就好。昂貴的豪華餐方案，雖然有 100 多台可以選擇，但幾乎不會每一台都看。

實行縮減電信費後的結果

1. 爸爸的智慧型手機（分期付款剩 12 個月，55 方案）

→變更成 45 方案，解除 2 個付費服務，一個月節省 1 萬 2 千韓圜（約新台幣 320 元）

2. 媽媽的智慧型手機（分期付款剩 5 個月，45 方案）

→變更成 40 方案，解除 1 個付費服務，一個月節省 1 萬韓圜（約新台幣 270 元）。合約結束後，更換為大省機。

3. 子女的智慧型手機（已無分期付款，34 方案）

→更換成大省機，每月預計支出 2 萬韓圜，可節省 2 萬 5 千萬韓圜（約新台幣 670 元）。

4. 網路+TV

→包套方案。網路方案不變，減少付費的電視台數，可省 9 千韓圜（約新台幣 240 元）。

5. 取消家用電話

→幾乎不使用，可節省 6 千韓圜（約新台幣 160 元）

6. 申辦享有電信費優惠的信用卡

→每月可節省 1 萬韓圜（約新台幣 270 元）。

（月刷卡金額須達 30 萬韓圜才享有優惠）

合計：省下 7 萬 3 千韓圜（約新台幣 1,970 元）

（父母親手機合約結束後，可省下金額為 10 萬韓圜（約新台幣 2,700 元））

支出項目	過去花費	現在花費	差額
智慧型手機（爸爸）	66,000 韓圜	53,000 韓圜	12,000 韓圜
智慧型手機（媽媽）	55,000 韓圜	44,000 韓圜	11,000 韓圜
智慧型手機（孩子）	45,000 韓圜	20,000 韓圜	25,000 韓圜
網路、TV	33,000 韓圜	24,000 韓圜	9,000 韓圜
家用電話	6,000 韓圜	取消（無花費）	6,000 韓圜
優惠信用卡		-10,000 韓圜	10,000 韓圜
合計	204,000 韓圜	131,000 韓圜	73,000 韓圜

差額為 73,000 韓圜（約新台幣 1,970 元），

1 年 876,000 韓圜（約新台幣 2.4 萬元），10 年合計 876 萬韓圜（約新台幣 24 萬元）。

為了享受高科技，每年的支出竟高達 250 萬韓圜（約新台幣 6.8 萬元），讓人相當心痛。我們不需要放棄享有這些好處，但只要犧牲一點點方便性，1 年就可以省下近 100 萬韓圜（約新台幣 2.7 萬元）的金額。

一天寫一行，那些讓你後悔的花費

我們都有花了錢卻感到後悔的經驗。有的時候是想不起來錢花到哪去，有的時候則是來不及改變花錢的事實。如果想要避免反覆失誤，請把「每天最後悔的支出」當成目標寫到記帳本上。

令人後悔的花費可能是昂貴的午餐、在路邊買的飾品、衝動購買和自己風格不合的口紅或是喝茫時搶著付的酒錢。公司同事、家人、親戚、戀人、學長姐……社會是由無數的人際關係組成，有時看來不必要的花費其實是必要的支出。理論上當收入增加，帳戶餘額應該也要變多，但奇怪的是比起必要的開銷，非必要支出的費用卻增加了。

所謂的非必要支出指的是衝動購買或感到後悔的消費，我們將記帳目標訂為「最令人後悔的支出」每天寫下一筆就好。如果努力回想發現沒有後悔的支出，那天就可以開心地寫下「0 元」。

「寫下每天最後悔的一項支出，並試著計算每月的總金額。」

〔目標：最後悔的一項支出〕

Sun	Mon	Tue	Wed	Thu	Fri	Sat
		1 11,000 韓圜 炸豬排	2 19,000 韓圜 電影 （難看）	3 16,000 韓圜 計程車費	4 2,000 韓圜 礦泉水 2 瓶	5 0
6 10,000 韓圜 咖啡	7 45,000 韓圜 外食 （豬腳）	8 33,000 韓圜 衣服	9 10,000 韓圜 小菜 （難吃）	10 4,000 韓圜 泡麵 5 包	11 4,000 韓圜 咖啡	12 16,000 韓圜 炸雞
27 34,000 韓圜 外食	28 0	29 6,000 韓圜 麵包	30 0	31 22,000 韓圜 啤酒		

合計	355,000 韓圜	目標金額	100,000 韓圜
1 年	4,260,000 韓圜	差額	255,000 韓圜
10 年	42,600,000 韓圜	1 年	3,060,000 韓圜
		10 年	30,600,000 韓圜

養成習慣，每天寫下一項最後悔的支出。過一陣子後，每次準備要付錢時，我們開始思考這項支出會不會被寫到本子上，當有這種想法就代表它不是一項必要性

支出。一開始我們只是單純做記錄，但看到記帳本擠滿字總覺得心情不是很好，因為這些數字代表每天都做了一件讓自己後悔的事情。於是漸漸地，我們開始會考慮是否要消費，「這筆錢花下去又得寫在記帳本上了吧」的念頭可以減少後悔型支出發生的頻率。不過，偶爾有些人會覺得「我花錢從來不後悔，所以沒有東西需要紀錄」，這種情況有以下兩種可能性。

1. 謹慎管理花費的人
2. 花了錢從不回顧的人

若是第二種情形，因為他們從來不檢討花費的必要性，所以當然不會感到後悔。不過在持續記帳一個月後，結果一定會讓人大吃一驚。寫下每天後悔的支出，這個簡單的動作可以減少不必要的花費，改掉我們衝動購買的壞習慣。

記帳不是單純記錄消費的金額和內容，而是要改善消費習慣，「有目標」地寫下才是最重要的！

「一日一行記帳本」的寫法

做任何事最重要的是能下定決心。這個道理人人都懂，但我們總是很少如願以償。一行記帳本透過獎勵和刺激機制，從心靈層面賦予人們持續執行的動機。

STEP1. 找出水缸的破洞，訂下執行目標

舉例來說，如果平常錢多花在外食費，這個月可將目標設定為外食費。

目標：外食費

↓

STEP2. 一日一行記帳，寫下一整個月份的內容

當發生屬於目標項目的消費時，記錄以下的內容到記帳本中。

支出內容、次數、金額

↓

STEP3. 根據記帳本一個月的內容，分析目標項目的消費習慣

根據一個月的支出內容可以算出總金額。把該數字當成平均值，進一步計算 1 年和 10 年的總金額。

單月支出總額×12 個月＝1 年份總金額

年總金額×10＝10 年總金額

計算出的金額比你想像的還驚人嗎？

以個人所得為基準，如果支出比例過高，請趕快設定目標金額，以節約為目標再次開始寫「一行記帳本」。

↓

STEP4. 設定一行記帳的目標金額

如果分析後發現所設定的目標項目支出金額合理，我們可以選擇其他目標，尋找是否還有不為人知的破洞。單純限制消費可能會導致生活出現問題或熱情消退，反而無法養成記帳習慣。因此初期在設定目標時，比起嚴苛的數字，建議大家從容易實踐的金額開始。

目標金額：比前一個月的支出金額少 30%

↓

STEP5. 為了達成目標，設定實踐計畫和獎勵內容

確立目標項目和金額後，仔細分析在何種狀況消費金額會增加，進而規劃具體實踐計畫，並事先想好這筆錢未來的用途。因為凡事都需要獎勵機制，我們才會有執行的動力。

STEP6. 更換項目，反覆執行

開始存錢後，我們可以選擇一個新的目標，反覆上面的步驟。當舊的目標已經養成良好支出習慣，我們就可以朝下一個目標邁進。

逐漸減少花費在外食、酒錢、電信費等的浪費可以建立符合個人所得的消費習慣。只要防止 5 大代表性項目的浪費，我們就能省下非常多的錢。

究竟可以省下多少錢？我們一起來算看看。

我們將各項目的月平均金額拿來當例子。

1. 自用小客車：25 萬韓圜（約新台幣 6,700 元）（不包含分期付款）
2. 外食費：35 萬韓圜（約新台幣 9,500 元）（不包含咖啡、酒錢）
3. 酒錢：25 萬韓圜（約新台幣 6,700 元）
4. 電信費：20 萬韓圜（約新台幣 5,400 元）
5. 咖啡：15 萬韓圜（約新台幣 4,000 元）

單月合計＝120 萬韓圜（約新台幣 3.2 萬）

1 年花費 1,440 萬韓圜（約新台幣 38.9 萬）

10 年則是 1 億 4400 萬韓圜（約新台幣 389 萬）

只要減少一半的花費，

1 年可以省下 720 萬韓圜（約新台幣 19.5 萬）

10 年 7200 萬韓圜（約新台幣 195 萬）

20 年 1 億 4400 萬韓圜（約新台幣 390 萬）

30 年光是本金就有 2 億 1600 萬韓圜（約新台幣 585 萬）

我們只要存下這一半的花費，

30 年就有 2 億韓圜（約新台幣 540 萬）。

這些錢可以買公寓或投資店面，也可以為退休生活做準備。如果購買年金險，每個月可以領 100 萬韓圜（20 年制），老年生活就有穩定的財源收入了。

退休生活、投資本金等，我們不是賺不夠無法準備，而是不懂把錢留住的方法。

省下浪費變財產的「記帳存摺」

當我們開始記帳，隨著支出減少，帳戶餘額就增加了。那麼辛苦省下的錢去哪了呢？如果繼續放在原本的帳戶中，這筆錢很快就會消失不見。因此，我們利用一行記帳存下的錢必須盡快轉到另一個帳戶。

因記帳需求而新開設的銀行帳戶，我們稱為「記帳存摺」。銀行存款帳戶分為兩種。

1. 每月在指定日存入固定金額的「定儲存款」

2. 隨時都可以存錢的「活儲存款」

記帳存摺建議選擇「活儲存款」，因為每個月目標達成率不盡相同。透過記帳省下的差額是我們能夠自由利用的金錢，以月為單位結算，定期存入帳戶。為了清楚了解每月的存款金額，我們記錄在表格上。

記帳存摺		
月份	金額	目標
3 月	264,000 韓圜	外食費
4 月	305,000 韓圜	外食費
5 月	350,000 韓圜	外食費
6 月	262,000 韓圜	酒錢
7 月	355,000 韓圜	酒錢
8 月	385,000 韓圜	酒錢
9 月	402,000 韓圜	酒錢
10 月	122,000 韓圜	衣服
11 月	195,000 韓圜	衣服
12 月	219,000 韓圜	衣服
1 月	116,000 韓圜	咖啡
2 月	125,000 韓圜	咖啡
合計	3,100,000 韓圜	

從表格可以看出，我們利用「一行記帳本」省下的錢，「記帳存摺」一年後的餘額為 310 萬韓圜（約新台幣 8.4 萬元），等同普通上班族一個月的薪水。

記帳存摺的活用法

訂下「具體目標」更有效果。

1. 存 5 年後，當成家族國外旅遊的基金。
2. 把「存下我的第一桶金」當成目標，累積投資本金。
3. 成為 5 年後的換車基金。
4. 每年存下的錢拿來償還貸款。
5. 原本會亂花掉的錢不如捐出一半，做善事幫助有困難的人。

同時使用「一行記帳本」和「記帳存摺」的話

1. 透過記帳可以好好存下一筆錢。不過，錢總是會被花掉，所以一定要緊盯每筆支出。

2. 可以當作培養子女正確金錢觀的教材。「一行記帳本」用來管理支出，存下每筆小錢用的「記帳存摺」則可以印證積沙成塔的道理，以身作則教導孩子。

3. 對理財更有信心。

財富管理就從支出管理開始做起。

做好支出管理的話，我們對理財也會更有信心，進而改善家庭的經濟狀況。

一日一行 記帳好輕鬆

找出最適合你的生活費

・為什麼每個月的生活費都不夠花？・不是「無條件」縮減，而是理解該縮減「什麼」・堅守絕不可跨越的界線・人人都能輕鬆存錢的「ABC 記帳本」・儲蓄成功與失敗的一步之遙

若想賺大錢，
必須拓展自己的眼界。

為什麼每個月的生活費都不夠花？

錢不夠花的原因只有兩種。

1. 賺得太少
2. 賺得多，花得也多。

若是前者，我們要想辦法增加收入；若是後者，我們要大刀闊斧地縮減花費。看到這，你一定會覺得「說的比做的簡單」，但是如果人人都能輕易做到，那麼大家都是大富翁。

雖然做起來不容易，但只要用心我們一定做得到。想要增加收入，我們可以選擇成為雙薪家庭或兼職做兩份工作，也可以多多進修充實自我。如果你已經努力做出改變，但最後又把好不容易賺來的錢花掉，那麼生活不僅沒有改變，還浪費了時間和精力。這種人最常說的一句話就是「明明沒花什麼錢，但口袋卻空空如也」。

自認沒花錢，但實際上卻沒錢，這代表你總把錢花在自己不容易注意的地方。習慣買咖啡喝、中餐想吃什麼就吃什麼、下班後小酌一下、周末到餐廳吃飯、在超市買一整周的食材等等各種情況。

你或許會說「這錢本來就得花呀！」正因為你已經養成習慣，所以很難發現浪費的事實。我們通常不太會想到縮減這類的開銷，因為就算決定減少花費，通常都不容易達成目標。如果找理財達人幫忙，他們第一句話總說「生活費開銷太大，請減少 10%的花費。」

但我們真的能減少生活費的開銷嗎？你應該也很清楚，即便剛開始金額減少，但過了幾個月後，開銷又回到原本的水平。在我的理財課程中，第一堂課我會派作業給學員。

請寫 2 個月份的「ABC 記帳本」

大部分的學員即使心有疑惑，還是會開始寫 ABC 記帳本。一個月後，從眼神中就可以看出大家開始有所改變，而且幾乎人人都會說「我不知道我竟然浪費了這麼多錢」這句話。再過一個月，有些人連聽課的坐姿都變了。他們表示「我有信心儲蓄了，要達成目標只是時間長短的問題」。

藉著 ABC 記帳本，他們對理財有了信心，也不僅僅滿足於目前的成果，而是持續尋找新的目標向財富敲門。課程中，這些人總是以開心的表情坐在第一排認真聽講。

如同先前提到的，存不了錢不是因為沒有錢，而是不知道自己花了多少，剩了多少，所以缺乏持續儲蓄的信心。先前介紹的「一行記帳本」以特定項目為目標減少不必要的支出，「ABC 記帳本」是強而有力控管支出的方法，它以阻斷整個家庭的浪費開銷為目標，找出適合家庭的生活費金額。（ABC 記帳本可參考《富人的記帳本》一書，書中有詳細介紹。）

如果說一行記帳本是支出管理的入門版，ABC 記帳本就是進階版。**把自己當作參加理財課程的學員，一起來寫 2 個月的「ABC 記帳本」吧！**

不是「無條件」縮減，而是理解該縮減「什麼」

ABC 記帳本最大的特點是決定優先順序。提到時間管理時，我們總強調要排出優先順序，減少機會成本的發生。金錢支出也是相同道理，決定優先順序才能有效管理。廣義來說，優先順序可分為四大類。

1. 必要的
2. 需要的

3. 想要的

4. 不需要的

ABC 分配金錢的優先順序

必要的 A	需要的 B
想要的 C	不需要的

第一項必要的支出是指維持基本生活必須付出的費用，如：基本衣物、食材、住屋相關費用、交通費、管理費、學費等皆包含在內，人類為了過日子和食衣住行有關的必要花費。在優先順序中，像這種**必要的支出**，我們稱之為「**A**」。

第二項需要的支出，雖非必要，但無法剔除的費用，如：子女教育費、維持健康的運動費、充實自我的教育課程或書籍費用以及替未來做準備的保險等。少了這些花費，當下雖然不會立刻感到不便，但需要替未來做準備或讓生活更富足，以上種種支出稱之為「B」。

不過，人活著不會只把錢花在必需品上，我們有時會把錢花在沒有要無所謂，但有了會很好的東西上。

有些人老愛買相同風格或顏色的衣服，有些人則是熱愛各種電子新品，即便功能大同小異，有些人則是無法克制衝動購買的慾望。另外，有時候為了過日子也會發生即便不願意也得付錢的狀況，我們把這些支出通通稱為「C」。

「C」可再細分為兩種，一種是「想要的」，另一種是「沒有也沒差的」。第一種，想要的東西。雖然不是維持生活的必需品，但若擁有可以享受各種便利。舉例來說，因為想起電視介紹的美食店家，所以選擇外食。一直買類似顏色或功能相同的化妝品。手機沒壞，但還是購買有新功能和設計的手機。以上這些都屬於如果擁有會很開心的支出，而大部分的浪費開銷都來自於購買過多想要的東西。

第二種，不需要的支出。沒有購買動機，因不用心而產生的花費。舉例來說，信用卡利息、亂停車的罰單、滯納罰金等等。只要多花點心思根本不會有這部分的開銷，最好將這類的支出踢出生活。

簡而言之，支出可分為 ABC 三種優先順序。其中，必要支出是「A」，需要支出是「B」，想要支出和不需要支出統稱為「C」。

我們到超市逛街，購物車裝滿了「看起來是必要支出」的物品。看著這些東西，我們在腦中重新分類，究竟它們屬於 A 還 B 還 C。經過思考後，原本放在購物車內的物品，許多都會回到展示架上。這樣的一個小習慣，對總支出會帶來絕對的影響。

堅守
絕不可跨越的界線

家裡的冰箱已經用了好多年，近來發現食物腐壞的速度變快，夜深人靜時，馬達聲音也特別大聲。這時你打開電視，發現購物頻道正在介紹最新款冰箱，價格是一般大賣場難見的折扣，還附上吸引人的贈品組合。如果錯過這個機會，未來好像不會再出現這麼優惠的價格，你內心感到焦急難耐。

「如果送修舊冰箱，還可以用好一陣子……」

「萬一修好沒多久又壞了，現在買新的是不是比較划算？」

你猶豫掙扎好一陣子，這時電視主持人宣布只剩五分鐘，最後依然無意識拿起電話下訂。一般家庭主婦認為家電用品很重要，把此次的花費會被分類在 A 或 B。相反的，男性則會認為「送修就能繼續使用，何必買新冰箱？」將之分類在 C。

那麼，我們來看看男性的例子。老公最近經常喝酒，有時拖到很晚才回到家。公司聚餐或同學會就算了，但是他還會找各種理由邀朋友喝酒。整理發票時，沒想到老公連這種聚餐都搶著付錢，妻子發現後總會怒火中燒。

昨天老公依然天快亮才回到家，一張 20 萬韓圜（約新台幣 5,400 元）的發票掉落在餐桌上。究竟這筆開銷，屬於 ABC 哪一類呢？站在妻子的立場，這筆花費毫無疑問是 C，但丈夫的立場則完全不同。為了職場生活或商務需求，它也有可能歸類為 B。

根據個人狀況差異，ABC 分類基準也不同。我覺得必要的物品，對他人可能是無用之物，因此我們需要一個明確的標準。剛開始雖然很難區分，但只要遵循 ABC 記帳本的原則，標準就會自然浮現。

別為了省錢而忍受貧苦過生活，小心窮神跟著你一輩子！

總把「我沒錢」這句話掛在嘴上，

一輩子都會過著窮困的日子。

一天到晚說自己沒錢，有誰會喜歡跟你來往？

人脈越寬廣，更多賺錢的機會才會找上門。

人人都能輕鬆存錢的「ABC 記帳本」

ABC 記帳本

幫助我們找出「最適當」的生活費開銷方式。

乍然決定開始省錢，我們通常都只想到無條件「最小化」支出，並節制各種花費。但是這種生活相當沉重，散發著窮酸味。

換個方式，所謂用「最適合」的生活費過日子，指的是考量個人所得收入，錢只花在必要的項目上，減少非必要的花費。這種生活不會帶來太大的不便，或許因沒辦法滿足購買慾多少感到失落，但當時間流逝，存錢的滿足感取代了失落感，我們的生活也會變得寬裕。

那麼，屬於我或家庭的最適當生活費是多少呢？

為了寫 ABC 記帳本，我們要準備下列物品。

準備物品

· 筆記本（可寫 2 個月，輕薄的線條筆記本）

· 鉛筆和紅色簽字筆

ABC 記帳本的書寫方式

1. 一一寫下每天的支出金額和內容。
2. 每個項目前寫下 ABC，注意：C 類用紅色簽字筆標示。
3. 每天寫下 C 的總金額。
4. 每寫完一頁，頁面最下方寫下支出和 C 類的消費總金額，協助往後調整支出結構。
5. 完成一個月的內容後，寫下該月份的總支出金額和 C 類的總金額。
6. 原則上只需要寫兩個月，但 C 類消費仍然存在的話，請寫到 C 變成 0 為止。

●3 月 12 日支出細項（舉例）

A 通勤交通費 6,700 韓圜

A 午餐費 6,000 韓圜

C 咖啡 1 杯 4,500 韓圜 ✓

B 買書 11,000 韓圜

B 補習費 80,000 韓圜

C 居酒屋 35,000 韓圜 ✓

C 計程車費 11,000 韓圜 ✓

C 項目總金額 50,500 韓圜

使用 ABC 記帳法的注意事項

1. 比起用智慧型手機或電腦記帳，直接寫在筆記本上的效果更好。

2. 所有家庭成員都要一起參與，因為浪費支出通常發生在個人支出上。若沒有互相告知支出內容，將難以減少浪費開銷，也無法找出屬於家庭的最適生活費金額。

3. 今日事，今日畢。如果拖好幾天才要記帳，我們會因為想不起支出內容感到煩躁，最後放棄記帳。
4. 所有家庭成員使用相同的分類基準。不可以總是把自己和子女的支出當成 A 或 B，另一半的支出都歸類成 C。

〔ABC 記帳本〕（10 月份）

ABC	日期	內容	金額	備註
A	10/1（一）	交通費	4,300	妻子
A			7,800	丈夫
A		午餐費	6,500	妻子
A			6,000	丈夫
B		瑞鎮的數學補習費	250,000	3 月份
B		宅配牛奶費	35,000	2 月份

C		敏珠的零食	7,900	甜甜圈和熱可可
			C 合計 7,900	
A	10/2（二）	交通費	4,300	妻子
A			7,800	丈夫
A		午餐費	6,000	妻子
A			6,000	丈夫
A	10/3（三）	交通費	4,300	妻子
A			7,800	丈夫
A		午餐費	6,000	妻子
A			6,500	丈夫
C		咖啡 2 杯	9,900	丈夫，公司
B		敏珠的衣服	33,000	洋裝
			C 合計 9,900	

累積支出：250,100 韓圜
C 累積金額：17,800 韓圜

ABC	日期	內容	金額	備註
A	10/30（二）	交通費	4,300	妻子
A			7,800	丈夫
A		午餐費	4,500	妻子
A			7,000	丈夫
C		外食-披薩	23,000	套餐
			C 合計 23,000	
A	10/31（三）	交通費	4,300	妻子
A			7,800	丈夫
A		午餐費	6,000	妻子
A			6,000	丈夫

C		咖啡	5,500	妻子
C		計程車	8,800	丈夫
			C 合計 14,300	

10 月累積支出：4,619,300 韓圓
10 月 C 累積金額：1,525,390 韓圓

〔ABC 記帳本〕

月份	總支出	與上月相比	C 支出金額	與上月相比
10 月	4,619,300 韓圓		1,525,390 韓圓	
11 月	3,221,440 韓圓	-1,397,860 韓圓	853,190 韓圓	-672,200 韓圓
12 月	2,890,860 韓圓	-330,580 韓圓	0	-853,190 韓圓

這是使用 ABC 記帳本 3 個月的例子。這個家庭原本生活費開銷高達 461 萬韓圓（約新台幣 12.5 萬元），記帳 1 個月後，發現有 152 萬韓圓（約新台幣 4.1 萬元）都是 C 類支出。換句話說，其中三分之一都是浪費開銷。第二個月，我們將減少 C 項目開銷當作目標，最後結果發現生活費減少 139 萬韓圓（約新台幣 3.8 萬元），總共支出 322 萬韓圓（約新台幣 8.7 萬元）。值得一提的是 C 項目開銷銳減了。

C 項目：上個月總額－67 萬韓圜＝85 萬韓圜（約新台幣 2.3 萬元）

但是，C 項目金額依舊很高，所以我們決定繼續記帳。第三個月，生活費減少了 33 萬韓圜（約新台幣 9 千元），總支出 289 萬韓圜（8.3 萬），C 項目為 0。在這個例子中，該家庭的最適當生活費開銷是 290 萬韓圜（約新台幣 7.8 萬元）。接下來，我們努力控制生活費支出，不要超過該金額，開始累積財富。

我會派功課給參加理財課程或講座的朋友，要求他們使用 ABC 記帳本，記錄 2 個月份的支出狀況。一般的理財課程都倡導大家投資，以錢滾錢等內容，很少有人會提到節約，因此每次我提出記帳的要求時，有些人會用懷疑的眼神看著我。不過，我依然會勸大家記 2 個月的帳就好，並且告訴他們這段話。

「理財的基礎是防止發生財務漏洞，最好的方式是記帳。經過長時間研究，我們發現 ABC 記帳本是達成目標最棒的工具。」

一開始，學員們雖然半信半疑，但也不得已的開始記帳。過了一陣子後，我會時不時地問他們「生活費縮減後，日子是不是很辛苦？」通常答案都是否定的。

「省下多少錢，帳戶就增加多少。雖然沒辦法隨心所欲地消費有些遺憾，但過段時間重新回想時，通常都會慶幸當初沒有亂花錢。如果以前就知道有這些浪費開銷，我一定會更早開始培養記帳的習慣。」大部分的人都表示，相較於不能消費的痛苦，存錢的喜悅讓一切都值得了。

當開始會反問自己「這是必要支出嗎？」，正表示你養成謹慎消費的習慣了。

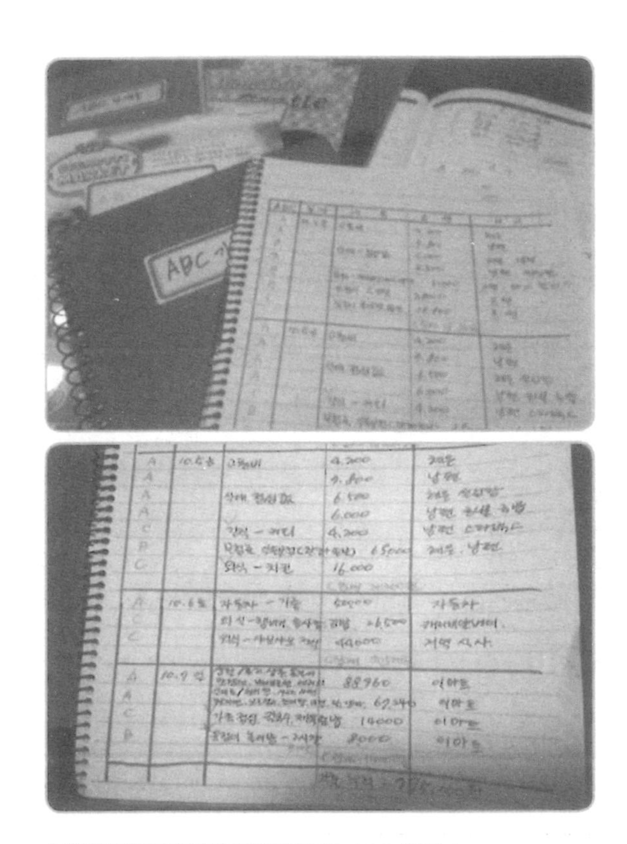

用筆記簿製成的理財課程學員的 ABC 記帳本

儲蓄成功與失敗的一步之遙

今天要來說一個寓言故事，故事內容如下。

有一位母親為了改正兒子愛講謊話的壞習慣，曾經訓斥過，也好言相勸過，但都沒有用。最後，母親告訴兒子，「以後我再也不會罵你，但只要你說一次謊，你就必須在牆上釘上一根釘子。相反地，只要做一件好事，你就可以拔掉一根釘子」。

一聽到說謊不會被罵，甚至可以在牆上釘釘子，兒子感到非常開心。過沒幾天，家裡一整面牆釘滿了釘子，但是兒子內心卻感到微妙。看著佈滿釘子的牆面，腦海不斷浮現過去犯的總總錯誤，兒子的心情也越來越不好

於是，兒子改掉了說謊的壞習慣，並開始努力做善事。牆上的釘子雖然都拔掉了，但依然殘留著一個個孔洞。這面佈滿釘痕的牆壁成不時警惕著兒子，讓他更留心於自己的一舉一動。這個寓言故事告訴我們，如果當事人無法自我覺醒，體悟箇中道理，就算旁人說破嘴也都只是白費功夫。

其中最好的方式是以第三者的角度客觀評斷事實，ABC 記帳本的基本原理，類似寓言故事中的「釘釘子」。從另一個角度來看，ABC 記帳本是**為消費模式打分數**的工具。A 占比越多，分數越高；C 占比越多，分數越低。

不會有人因為你的分數很低而罵你，更不會影響到

人事考核成績。一開始，本子裡就算有很多 C，我們也不會有特別的感覺。但當它反覆出現，你會漸漸覺得 C 很礙眼。再加上分類標準是自己訂定的，所以也有藉口推拖。

過了 2 個月，萬一還是有 C 項目，請繼續使用 ABC 記帳本，持之以恆寫到 C 項目消失為止。所謂最合理的生活費開銷，指的是沒有 C 類的浪費支出，只有 A 和 B 兩種消費。

最適當的生活費金額－A－B＝0

兩個月、三個月、四個月……直到找出最適當的生活費為止，我們要持續記帳。養成好習慣後，即便沒有特別記帳，我們也會按照習慣過日子。當算出最適當的生活費額度後，我們控制開銷度日，如果有多出來的錢可以當成自由資金使用。

這些錢可以存起來，也可以用來培養第二專長或安排一趟家族旅行。不是單純計較於三五千塊的花費，而是要利用 ABC 記帳本防止財務漏洞，好好管理每一筆支出才是邁向正確理財之路的第一步。

一日一行 記帳好輕鬆

學習有錢人的理財法

・不愁沒錢的富人也會記帳・每個家庭都要做年度總結算・今年的財務分數是？「我家的年度財務報表」寫法・達成目標後，把金額的 10%留給自己・歷史悠久的豪門代代相傳的記帳本秘密・

不要羨慕別人是有錢人，
想成為其中的一份子
就要學習他們的生活方式。

不愁沒錢的富人也會記帳

記帳本是透過節約來存錢，我們通常會認為坐擁上億資產的富人不需要這麼做，但其實大部分的富人都善於記帳。記帳並不只是單純記錄支出與收入的手段，當把它當成理財工具時，一切就不同了。那麼，有錢人的記帳本長什麼模樣呢？

他們使用的記帳本分為兩大類。

1. 親自書寫的收支型記帳本。

2. 每月由專人報告的資產管理帳本。

第一種是記下每日消費的收支型記帳本，藉由整理每一筆收支，觀察每個月的變化。透過記帳確認支出是否符合目前的所得水準，收入的變化則用來思考未來管理支出的方式。如同每天早晚要刷牙，他們很習慣研究自己的記帳本，尤其是白手起家的富人更能體會收支管理的重要性。

因為他們從窮苦時期就養成習慣記帳，書桌上不可或缺的配件就是記帳本，通常會放在隨手可取得的位置一輩子陪伴他們。

第二種是財務管理用的記帳本，由專業人士或秘書每個月報告內容。表格大多用 Excel 製作，內容包含每月的收入、支出、財產變動。與前一個月相比，如果資產增加代表沒有太大的問題，如果資產減少或停滯，他們會積極找出原因，想辦法解決問題。根據財務專家報告的內容，分析問題點，建立並執行具體計畫。為了增加或維持資產水準，有錢人活用各種記帳方式確保財富能傳承下去。

那麼，一般人該怎麼辦呢？

我經常以理財和財富為主題，舉辦各種講座或研討會，會來參加講座的人通常都對理財有興趣。不過在演講過程中，每當我問聽眾「有習慣每天記帳的朋友請舉手」，十位中最多只有一位舉手。

連對理財有興趣的人都如此，若是對一般民眾進行問卷調查，擁有記帳習慣的人數比例可能會更低。可是，有錢人都說記帳是理財的第一步。相較於投資需要忍受風險，「記帳」只需投資少量的時間就能獲得大量的回饋。

「關於錢這檔事，比起懂得該如何賺，你更要懂得如何留住它。一旦錢開始往外跑，一切就沒戲唱了。」

這是一位坐擁上億資產，平常和我有許多互動的有錢人。除了他以外，很多富人都跟我說過類似的話。

那麼，該怎麼做才能留住財富呢？

我們必須了解錢的流動，而**記帳是掌握金流的方式**。在記帳時發現問題，如果我們能一併找出適合的財務解決方案不就一舉兩得嗎？雖然有不少有錢人是繼承上一代的財產，但也有很多白手起家的成功案例。問他們的成功祕訣為何，十之八九都會回答有記帳的習慣。當然不是每個有錢人都會記帳，但白手起家成功的事業家都有記帳的好習慣。這麼看來——

通往財富的秘密，不就藏在記帳本中嗎？

每個家庭都要做年度總結算

年末我們回顧過去，定下新年新計畫。一般公司也都會做年度財務結算，年度財報也是代表公司一整年的成績單。

藉由財報我們可以了解公司一年收益有多少？賺來的錢用在哪？成果好不好？企業通常每一季或每半年會做一次這類的報告書，用來檢討銷售成果和收益狀況。一般人也可以利用同樣的方式，不需要每季或每半年，而是以年為單位了解自己的財務狀況，對於理財會有很大的幫助。

「要有錢才有辦法理財呀！」

講座中一位聽眾半開玩笑地說。

「因為你不理財，財才不理你。」

我如此回答。

每年固定回顧自己的財務狀況，有以下這些優點。

1. 掌握每一年的家庭財務現況。
2. 與前一年相比，負債狀況是否有改變。
3. 了解家庭收入是否有增加，支出金額是否適當。

我們可以利用這些資訊設定明年的目標，並回顧今年是否達成目標。相反地，如果我們不做年度結算，運氣好的話支出不會有虧損，但如果你賺多少就花多少，毫無計畫消費的話，通常到了年底會發現自己的口袋空空，一毛都不剩。

有些人一聽到結算兩個字就開始覺得頭皮發麻，不過一旦開始做會發現沒什麼大不了的。我們只需要分門別類寫下現有的資產、負債、年收入和年支出，最重要的是一定要每年固定記錄才有效果。可以在 12 月的最後一天或任何一個對你有特別意義的日子，帶著迎接嶄新一年的決心，回顧過去一年的成績。

今年的財務分數是？
「我家的年度財務報表」寫法

開始記帳後，我們時不時會感受到各種小確幸。一個月、兩個月……寫完一年份記帳本的喜悅；一年後，定存帳戶的餘額變多了；因為認真管理，比原訂計畫提早還完貸款等各種滿足感。當嚐過成功果實的美味後，不需要其他人督促，我們也會自動自發地去做。

有了動機我們會想要挑戰更遠大的目標。因此只要學會記帳，你就是理財專家。利用「一行記帳本」減少各種瑣碎的浪費開銷，養成記帳習慣後可以利用前面提到的「ABC 記帳本」。利用「ABC 記帳本」管理家庭的收入與支入，尋找最合適的生活費額度，同時檢討資產狀況，讓我們能為未來做準備。

財務報表和記帳一樣，沒有一定的格式。依個人喜好可以用 Excel 或 Word 等電腦程式記錄，也可以寫在筆記本或是日記上。

〈我家的年度財務報表〉書寫方式

●財產

所謂財產，除了持有的現金、郵局存款、銀行儲蓄、定存、股票、債券、基金、保單等儲蓄型商品外，名下的不動產、借給朋友的錢、以投資為目標購買的各種金融商品，全部都包含在內。

現金或銀行保險公司販賣的儲蓄型金融商品，以結算日為基準寫下評估價格。股票商品，為了更精確管理資產需記錄下種類、數量、買賣價格和報酬率。不動產商品，每年固定到內政部網站查詢實價登錄金額，記錄金額的變化。此外，房屋和店面租金收入，也是屬於不動產。

●負債

以銀行機構分類，寫下負債金額和利息。管理負債最重要的是以前一年當基準，比較負債金額的增減。努力控制避免負債金額增加，以減少負債做為第一目標。若家庭有負債，首先我們需要減少貸款銀行的數量，提升信用等級才方便管理。為了降低貸款銀行的數量，請先從金額低的貸款開始還起，但若有利息很高的貸款要優先償還。

●財產－負債＝純財產

現有財產總額扣除負債可以算出純財產金額。與去年相比，純財產金額的增減代表一年來的家庭經濟成績單。如果財產增加表示理財很成功，如果財產減少，我們就要找出原因。是收入減少了？還是支出增加了？我們必須了解真正的原因，找出財產不再縮水的對策。

●收入和支出

一年賺錢的總額就是收入。以一般上班族為例，包含月薪、分紅和其他收入。除了儲蓄金額之外，其他所有的費用統稱為支出，支出又可分為三大類型。

1. 個人支出

個人信用卡、電信費、交通費、補習班費、掛號住院費、咖啡費、置裝費等維持個人生活所需的開銷，統稱為個人支出。

2. 共同支出

住家管理費（電費、水費、瓦斯費等）、食材費、外食費、修理費等維持家庭生活所需的共同開銷，統稱為共同支出。

3. 稅金和貸款利息、車貸、保險費等其他支出

一般的記帳方法大多將支出分為固定支出和變動支出，本書不使用此種區分法有幾個原因。首先，人們的消費傾向已經有了改變，個人支出的占比急速增加中。另一方面，因為現代社會的變數很多，有時會有超出每月固定生活費的開銷項目。其中有各種複雜的因素，所以如果只分為固定和變動支出兩種項目，我們難以掌握實際的財務狀況。為了因應這些現象，本書將支出分類為個人支出、共同支出和其他支出三大項目。

●收入－支出

1 年總收入扣除支出後，計算出的金額就是你的理財成績單。和去年相比，金額增加了？還是減少了？可以回顧一年的成績。根據過去一年的財務表現，我們再來訂新一年的目標。

用紅色簽字筆按照項目寫下需要增減的目標金額。舉例來說，如果我們希望老公的個人支出從 800 萬韓圜（約新台幣 21.6 萬元）縮減至 600 萬韓圜（約新台幣 16.2 萬元），請在該項目旁邊清楚地寫下－200 萬韓圜（約新台幣 5.4 萬元）。在記帳本的最後一頁，分別寫下（財產－負債）、（收入－支出）兩項目標金額，這兩個數字代表理財成績，最重要的是一定要隨時確認目前的花費是否符合最初訂立的目標。

我家的年度財務報表（2016 年度） （單位：萬韓圓）

財產				
項目		今年度	去年度	增減
不動產	住宅	4 億 5 千	4 億 4 千	▲1 千
	傳貰保證金	1 億	1 億	
	合計	5 億 5 千	5 億 4 千	▲1 千
金融	存摺餘額	250	200	▲ 50
	現金	60	10	▲ 10
	儲蓄（國民）	3,000	3,000	
	定存（友利）	1,200		▲ 1,200
	基金（三星）	2,280	2,150	▲ 130
	基金（未來）	1,210	1,100	▲ 110
	股票	620	700	▼ 80
	年金（三星）	3,300	2,940	▲ 360
	合計	1 億 1,920	1 億 140	▲ 1,780
其他	其他收入	500	500	
財產合計		6 億 7,420	6 億 4,640	▲ 2,780
負債				
項目		今年度	去年度	利率
貸款	抵押貸款（國民）	2 億	2 億	3.50%
	無擔保負債（友利）	4 千	4 千	8%
	合計	2 億 4 千	2 億 4 千	
純財產（財產－負債）		4 億 3,420	4 億 640	▲ 2,780
目標		4 億 6,420	4 億 3,420	▲ 3,000

收入與支出				
項目		今年度	去年度	增減
收入	年薪（丈夫）	4,670	4,430	▲ 240
	年薪（妻子）	3,850	3,670	▲ 180
	其他	130		▲ 130
	合計	8,650	8,100	▲ 550
支出	個人（丈夫）	850	1,070	▼ 220
	個人（妻子）	970	1,280	▼ 310
	個人（子女）	640	550	▼ 90
	共同生活費	2,250	2,440	▼ 190
	利息	880	910	▼ 30
	保險費	480	480	
	車貸	740	740	
	其他	60	110	▼ 50
	合計	6,870	7,580	▼ 710
儲蓄	定存（友利）	1,200		▲ 1,280
	基金（三星）	240	240	
	年金（三星）	30	30	
	合計	1,470	270	▲ 1,280
現金和存摺餘額		310	250	▲ 60
收入－支出		1,780	520	▲ 1,260
目標		3,780	1,780	▲ 2,000

每個月的財產都不縮水！

這就是有錢人理財的一切根本！

達成目標後，
把金額的 10%留給自己

回顧這一年來的財務狀況，過往只增不減的貸款足足少了 5 百萬韓圜（約新台幣 14.3 萬），新開的定存帳戶每期存入固定金額。於是，我們訂下明年的目標，除了要減少支出外，更下定決心要償還 1 千萬韓圜（約新台幣 27 萬元）的貸款，定存帳戶則要再多存 3 百萬韓圜（約新台幣 8.1 萬元）。

不管是人或動物，要有合理的獎勵作為誘因，我們才有動力持之以恆。如果順利達成目標，無論獎勵大或小，我們都必須要有所補償。達成目標但沒有獎勵會讓人失去動力，輕言放棄。當達成目標時，我們可以將金額的百分之十作為獎勵，盡情用在自己或家人身上，千萬不要覺得可惜。

獎勵金可以用來旅行，也可以購買心中的夢幻逸品。假設還清了貸款，除了開心外，我們可以到高級餐廳享用大餐或看演唱會，好好地犒賞自己一番，將這段時間的痛苦拋到九霄雲外。

一開始寫一行記帳本時，我們可以設定獎勵目標。假設丈夫決心戒菸，一行記帳本的目標就設定為菸錢。

丈夫通常一個禮拜抽 5 包菸，換算買菸的花費後，每個月存入同等的金額到定存內。

1 周 5 包，1 年 52 周

4,500×5×52＝1,170,000 韓圜（約新台幣 3.1 萬元）

※根據首爾研究院都市情報中心的調查結果，以年滿 20 歲的成人平均一周抽菸量為基準

1 年後，原本用來買菸的錢已存在定存。丈夫因為戒菸過得很辛苦，所以這筆存款應該用在他身上。如果他平常喜愛登山，可以買登山用品當禮物，也可以趁這個機會，讓他買一直想購買卻猶豫不決的東西。

凡事都要有獎勵制度，我們才會有動力朝目標前進，因此適當的獎勵等於投資。

萬一發生完全相反的狀況，我們就要嚴格反省自我。不可以只想著「從現在開始省著點花」，而是要下定決心「現在立刻剪卡，並減少 OO 萬元的生活費開

銷」。當下次達成目標時，迎接我們的將是雙倍喜悅和獎勵。在獎勵和反省間來回，家庭的財政狀況就會步入佳境。

已經認真記了好幾年的帳，卻沒有任何改善？如果你有這種感受，請仔細想想你的記帳是否沒有獎勵和反省制度，才導致一切沒有效果。

歷史悠久的豪門
代代相傳的記帳本秘密

世界百大富人榜上，過半數都是猶太人。有著富人血統之稱的猶太人家族，當他們要將偉大的遺產傳承給兒女時，其中最珍貴的物品是父母親自書寫的「記帳本」。

人類歷史上被選為 10 大富豪之一的洛克斐勒家族，其第 3 代所寫的記帳本也被他們當成了傳家之寶。

翻開豪門家族的記帳本，除了可以了解家族歷史，更可以從中窺探出父母的生活習慣和人生哲理。老一輩絕對不會浪費，辛苦賺來的錢只花在刀口上，記帳本散發著樸素的氣息。手頭寬鬆時把錢存下來，當財務出問題時，利用先前存下的錢應急，非常有智慧。

藉著閱讀父母的記帳本，孩子可以學習到正確的經濟觀念和處事態度。因為懂得維持財富的方法，豪門才能一代代地成長。

「給他魚吃，不如教他捕魚。」

如同教導孩子捕魚的方法，猶太人透過記帳本記錄時代背景和把想傳給下一代的智慧，甚至連管錢的方法等各式各樣的內容全都記錄在本子上。

一般來說，若問你想留什麼遺產給後代，大部分的人大多選金錢或不動產。後代的想法也是一樣，大家通常想要繼承錢或車子等財物。如果有人把記帳本當成遺產傳給下一代，大概沒有人會開心。

但是，如果後代沒有能力管理財產，即使繼承了遺產，過不了多久就會敗光家產。人總是有野心，兄弟爭奪家產或把主意打到父母身上的悲劇也時有耳聞。

正因為如此，對猶太人來說，比起金錢等俗物，最偉大的遺產是能夠培養理財能力的記帳本。

當我們在記帳時，如果想著未來要把它傳承給子女，心情一定會大大不同。試著寫一本「當成傳家寶的記帳本」，相信我們一定會寫的比過去認真且開心，甚至還會寫下各種生活的智慧在上面。

想像著未來有一天，孩子將會閱讀這些內容。藉由閱讀父母的記帳本，子女可以學習金錢觀和人生觀。如果我們國家也能有這種傳統，或許會比猶太族群有更多優秀的富翁誕生吧？

把錢留住的秘密

金錢在人生中有絕對的影響力。隨著用錢的方式會形成不一樣的系統，這個系統則是你成為富人還是窮人的關鍵。

〈1 號系統〉

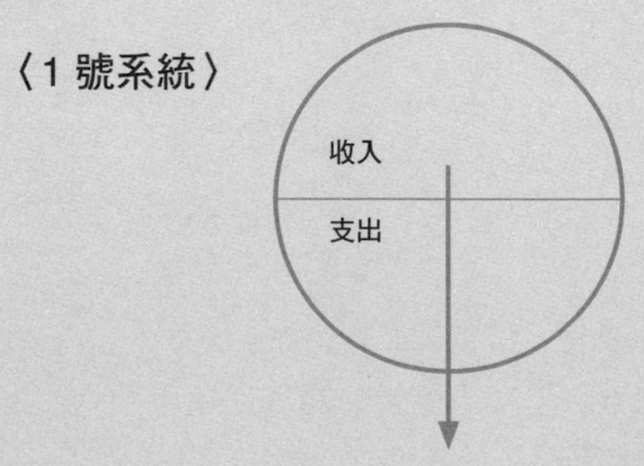

賺多少錢，花多少錢。收入如果等於支出，這一生都不會有錢，只能過著窮人的生活。

〈2 號系統〉

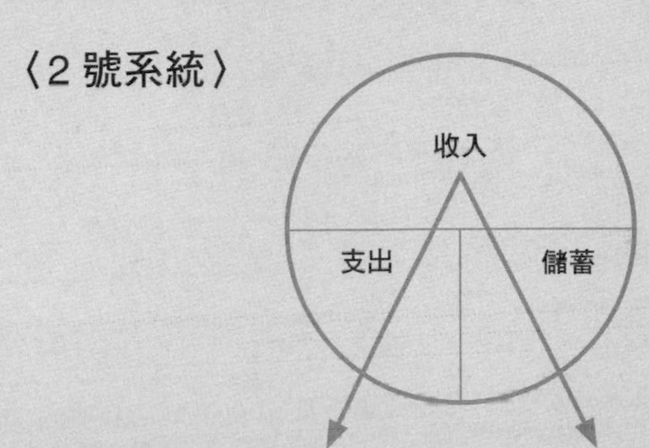

所得的一部分轉為儲蓄，但是儲蓄仍用來買東西，一毛不剩全部花掉，最終依然無法逃脫貧窮的宿命。

〈3 號系統〉

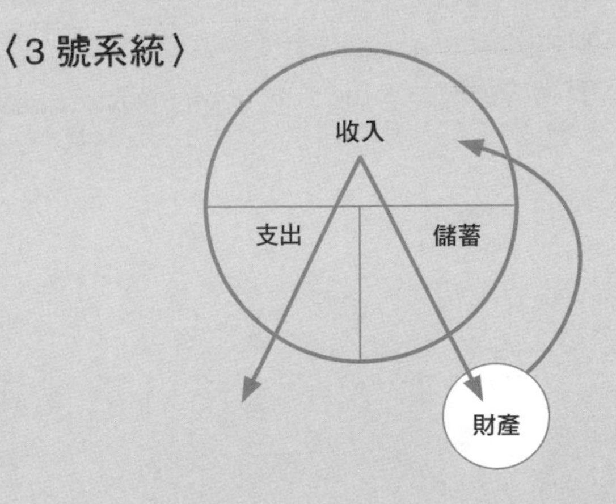

所得的一部分轉為儲蓄，但儲蓄不是為了買東西，而是為了創造另一筆財產。這些財產會創造新的收益，把它存下來再用來創造更新的財產。這正是所謂的用錢滾錢，最後我們也能過有錢人的生活。

為什麼我沒辦法變成有錢人？真正的原因就在花錢的方式。如果按照 1 號或 2 號的系統過日子，當然不可能變成有錢人。「以錢滾錢」是富人們都懂的概念，想要進入 3 號系統，請從最基礎的記帳開始。

STEP1　減少浪費支出，儲蓄就會增加。（一行記帳本）

STEP2　生活費只花在必要的項目上，養成儲蓄的好習慣。（ABC 記帳本）

STEP3　徹底了解財產和負債，每年固定整理財產現況，想辦法增加財產。（我家的年度財務報表）

如果沒有記帳的習慣，賺來的錢就很容易被花光。即使我們努力儲蓄，也很容易因為亂買東西而功虧一簣。如果你不願意了解自己的財產和負債狀況，別說變成有錢人，你的債務反而有可能越滾越驚人。

如果能透過記帳順利改善你的生活品質，那麼記帳本也算完成使命。在此祝福各位讀者，都能過著富足無憂的生活。

一日一行 記帳好輕鬆

附錄

・一行記帳本格式（日曆型） 一行記帳本格式（表格型） 記帳存摺格式・ABC 記帳本格式 我們家的財務報表格式

一行記帳本格式（日曆型）

Sun	Mon	Tue	Wed	Thu	Fri	Sat

合計		目標金額		
1年		差額		
10年		1年		
		10年		

一行記帳本格式（日曆型）

Sun	Mon	Tue	Wed	Thu	Fri	Sat

合計		目標金額		
1年		差額		
10年		1年		
		10年		

一行記帳本格式（日曆型）

Sun	Mon	Tue	Wed	Thu	Fri	Sat

合計		目標金額		
1年		差額		
10年		1年		
		10年		

一行記帳本格式（日曆型）

Sun	Mon	Tue	Wed	Thu	Fri	Sat

合計		目標金額		
1年		差額		
10年		1年		
		10年		

一行記帳本格式（日曆型）

Sun	Mon	Tue	Wed	Thu	Fri	Sat

合計		目標金額		
1年		差額		
10年		1年		
		10年		

一行記帳本格式（日曆型）

Sun	Mon	Tue	Wed	Thu	Fri	Sat

合計		目標金額		
1年		差額		
10年		1年		
		10年		

一行記帳本格式（日曆型）

Sun	Mon	Tue	Wed	Thu	Fri	Sat

合計		目標金額		
1年		差額		
10年		1年		
		10年		

一行記帳本格式（日曆型）

Sun	Mon	Tue	Wed	Thu	Fri	Sat

合計		目標金額		
1年		差額		
10年		1年		
		10年		

一行記帳本格式（日曆型）

Sun	Mon	Tue	Wed	Thu	Fri	Sat

合計		目標金額		
1年		差額		
10年		1年		
		10年		

一行記帳本格式（日曆型）

Sun	Mon	Tue	Wed	Thu	Fri	Sat

合計		目標金額		
1年		差額		
10年		1年		
		10年		

一行記帳本格式（日曆型）

Sun	Mon	Tue	Wed	Thu	Fri	Sat

合計		目標金額		
1年		差額		
10年		1年		
		10年		

一行記帳本格式（日曆型）

Sun	Mon	Tue	Wed	Thu	Fri	Sat

合計		目標金額		
1年		差額		
10年		1年		
		10年		

一行記帳本格式（日曆型）

Sun	Mon	Tue	Wed	Thu	Fri	Sat

合計		目標金額		
1年		差額		
10年		1年		
		10年		

一行記帳本（表格型）格式

目標		
日期	金額	

合計		
1年合計（×12）		
10年合計		
下個月目標		
差額合計		
1年儲蓄		
10年儲蓄		

一行記帳本（表格型）格式

目標		
日期	金額	

合計		
1年合計（×12）		
10年合計		
下個月目標		
差額合計		
1年儲蓄		
10年儲蓄		

一行記帳本（表格型）格式

目標		
日期	金額	

合計		
1年合計（×12）		
10年合計		
下個月目標		
差額合計		
1年儲蓄		
10年儲蓄		

一行記帳本（表格型）格式

目標		
日期	金額	

合計		
1年合計（×12）		
10年合計		
下個月目標		
差額合計		
1年儲蓄		
10年儲蓄		

一行記帳本（表格型）格式

目標		
日期	金額	

合計		
1年合計（×12）		
10年合計		
下個月目標		
差額合計		
1年儲蓄		
10年儲蓄		

一行記帳本（表格型）格式

目標		
日期	金額	

合計		
1年合計（×12）		
10年合計		
下個月目標		
差額合計		
1年儲蓄		
10年儲蓄		

一行記帳本（表格型）格式

目標		
日期	金額	

合計		
1年合計（×12）		
10年合計		
下個月目標		
差額合計		
1年儲蓄		
10年儲蓄		

一行記帳本（表格型）格式

目標		
日期	金額	

合計		
1年合計（×12）		
10年合計		
下個月目標		
差額合計		
1年儲蓄		
10年儲蓄		

一行記帳本（表格型）格式

目標		
日期	金額	

合計		
1年合計（×12）		
10年合計		
下個月目標		
差額合計		
1年儲蓄		
10年儲蓄		

一行記帳本（表格型）格式

目標		
日期	金額	

合計		
1年合計（×12）		
10年合計		
下個月目標		
差額合計		
1年儲蓄		
10年儲蓄		

記帳存摺

日期	金額	目標

記帳存摺

日期	金額	目標

記帳存摺

日期	金額	目標

記帳存摺

日期	金額	目標

記帳存摺

日期	金額	目標

記帳存摺

日期	金額	目標

記帳存摺

日期	金額	目標

記帳存摺

日期	金額	目標

記帳存摺

日期	金額	目標

記帳存摺

日期	金額	目標

ABC 記帳本格式

ABC	日期	內容	金額	備註

ABC 記帳本格式

ABC	日期	內容	金額	備註

ABC 記帳本格式

ABC	日期	內容	金額	備註

ABC 記帳本格式

ABC	日期	內容	金額	備註

ABC 記帳本格式

ABC	日期	內容	金額	備註

ABC 記帳本格式

ABC	日期	內容	金額	備註

ABC 記帳本格式

ABC	日期	內容	金額	備註

ABC 記帳本格式

ABC	日期	內容	金額	備註

ABC 記帳本格式

ABC	日期	內容	金額	備註

ABC 記帳本格式

ABC	日期	內容	金額	備註

ABC 記帳本格式

ABC	日期	內容	金額	備註

ABC 記帳本格式

ABC	日期	內容	金額	備註

ABC 記帳本格式

ABC	日期	內容	金額	備註

ABC 記帳本格式

ABC	日期	內容	金額	備註

我們家的財務報表（　　年度）

（單位：元）

<table>
<tr><th colspan="5">財產</th><th colspan="5">收入與支出</th></tr>
<tr><th colspan="2">項目</th><th>今年度</th><th>去年度</th><th>增減</th><th colspan="2">項目</th><th>今年度</th><th>去年度</th><th>增減</th></tr>
<tr><td rowspan="4">不動產</td><td></td><td></td><td></td><td></td><td rowspan="5">收入</td><td></td><td></td><td></td><td></td></tr>
<tr><td></td><td></td><td></td><td></td><td></td><td></td><td></td><td></td></tr>
<tr><td></td><td></td><td></td><td></td><td></td><td></td><td></td><td></td></tr>
<tr><td>合計</td><td></td><td></td><td></td><td></td><td></td><td></td><td></td></tr>
<tr><td rowspan="9">金融</td><td></td><td></td><td></td><td></td><td>合計</td><td></td><td></td><td></td></tr>
<tr><td></td><td></td><td></td><td></td><td rowspan="10">支出</td><td></td><td></td><td></td><td></td></tr>
<tr><td></td><td></td><td></td><td></td><td></td><td></td><td></td><td></td></tr>
<tr><td></td><td></td><td></td><td></td><td></td><td></td><td></td><td></td></tr>
<tr><td></td><td></td><td></td><td></td><td></td><td></td><td></td><td></td></tr>
<tr><td></td><td></td><td></td><td></td><td></td><td></td><td></td><td></td></tr>
<tr><td></td><td></td><td></td><td></td><td></td><td></td><td></td><td></td></tr>
<tr><td></td><td></td><td></td><td></td><td></td><td></td><td></td><td></td></tr>
<tr><td>合計</td><td></td><td></td><td></td><td></td><td></td><td></td><td></td></tr>
<tr><td>其他</td><td></td><td></td><td></td><td></td><td></td><td></td><td></td><td></td></tr>
<tr><td colspan="2">財產合計</td><td></td><td></td><td></td><td>合計</td><td></td><td></td><td></td></tr>
<tr><td colspan="5">負債</td><td rowspan="4">儲蓄</td><td></td><td></td><td></td><td></td></tr>
<tr><td colspan="2">項目</td><td>今年度</td><td>去年度</td><td>利率</td><td></td><td></td><td></td><td></td></tr>
<tr><td rowspan="3">貸款</td><td></td><td></td><td></td><td></td><td></td><td></td><td></td><td></td></tr>
<tr><td></td><td></td><td></td><td></td><td>合計</td><td></td><td></td><td></td></tr>
<tr><td>合計</td><td></td><td></td><td></td><td colspan="2">現金和
存摺餘額</td><td></td><td></td><td></td></tr>
<tr><td colspan="2">純財產（財產－負債）</td><td></td><td></td><td></td><td colspan="2">收入－支出</td><td></td><td></td><td></td></tr>
<tr><td colspan="2">目標</td><td></td><td></td><td></td><td colspan="2">目標</td><td></td><td></td><td></td></tr>
</table>

我們家的財務報表（　　年度）

（單位：元）

財產				
項目		今年度	去年度	增減
不動產				
	合計			
金融				
	合計			
其他				
財產合計				
負債				
項目		今年度	去年度	利率
貸款				
	合計			
純財產（財產－負債）				
目標				

收入與支出				
項目		今年度	去年度	增減
收入				
	合計			
支出				
	合計			
儲蓄				
	合計			
現金和存摺餘額				
收入－支出				
目標				

我們家的財務報表（　　年度）

（單位：元）

財產				
項目		今年度	去年度	增減
不動產				
	合計			
金融				
	合計			
其他				
財產合計				

負債				
項目		今年度	去年度	利率
貸款				
	合計			
純財產（財產－負債）				
目標				

收入與支出				
項目		今年度	去年度	增減
收入				
	合計			
支出				
	合計			
儲蓄				
	合計			
現金和存摺餘額				
收入－支出				
目標				

我們家的財務報表（　　年度）

（單位：元）

財產				
項目		今年度	去年度	增減
不動產				
	合計			
金融				
	合計			
其他				
財產合計				
負債				
項目		今年度	去年度	利率
貸款				
	合計			
純財產（財產－負債）				
目標				

收入與支出				
項目		今年度	去年度	增減
收入				
	合計			
支出				
	合計			
儲蓄				
	合計			
現金和存摺餘額				
收入－支出				
目標				

我們家的財務報表（　　年度）

（單位：元）

財產				
項目		今年度	去年度	增減
不動產				
	合計			
金融				
	合計			
其他				
財產合計				
負債				
項目		今年度	去年度	利率
貸款				
	合計			
純財產（財產－負債）				
目標				

收入與支出				
項目		今年度	去年度	增減
收入				
	合計			
支出				
	合計			
儲蓄				
	合計			
現金和存摺餘額				
收入－支出				
目標				

我們家的財務報表（　　年度）

（單位：元）

財產					收入與支出				
項目		今年度	去年度	增減	項目		今年度	去年度	增減
不動產					收入				
	合計								
金融						合計			
					支出				
	合計								
其他									
財產合計						合計			
負債					儲蓄				
項目		今年度	去年度	利率					
貸款									
						合計			
	合計				現金和存摺餘額				
純財產（財產－負債）					收入－支出				
目標					目標				

我們家的財務報表（　　年度）

（單位：元）

財產				
項目		今年度	去年度	增減
不動產				
	合計			
金融				
	合計			
其他				
財產合計				
負債				
項目		今年度	去年度	利率
貸款				
	合計			
純財產（財產－負債）				
目標				

收入與支出				
項目		今年度	去年度	增減
收入				
	合計			
支出				
	合計			
儲蓄				
	合計			
現金和存摺餘額				
收入－支出				
目標				

我們家的財務報表（　　年度）

（單位：元）

財產				
項目		今年度	去年度	增減
不動產				
	合計			
金融				
	合計			
其他				
財產合計				

負債				
項目		今年度	去年度	利率
貸款				
	合計			
純財產（財產－負債）				
目標				

收入與支出				
項目		今年度	去年度	增減
收入				
	合計			
支出				
	合計			
儲蓄				
	合計			
現金和存摺餘額				
收入－支出				
目標				

我們家的財務報表（　　年度）

（單位：元）

財產				
項目		今年度	去年度	增減
不動產				
	合計			
金融				
	合計			
其他				
財產合計				
負債				
項目		今年度	去年度	利率
貸款				
	合計			
純財產（財產－負債）				
目標				

收入與支出				
項目		今年度	去年度	增減
收入				
	合計			
支出				
	合計			
儲蓄				
	合計			
現金和存摺餘額				
收入－支出				
目標				

我們家的財務報表（　　年度）

（單位：元）

<table>
<tr><th colspan="5">財產</th><th colspan="5">收入與支出</th></tr>
<tr><th colspan="2">項目</th><th>今年度</th><th>去年度</th><th>增減</th><th colspan="2">項目</th><th>今年度</th><th>去年度</th><th>增減</th></tr>
<tr><td rowspan="4">不動產</td><td></td><td></td><td></td><td></td><td rowspan="5">收入</td><td></td><td></td><td></td><td></td></tr>
<tr><td></td><td></td><td></td><td></td><td></td><td></td><td></td><td></td></tr>
<tr><td></td><td></td><td></td><td></td><td></td><td></td><td></td><td></td></tr>
<tr><td>合計</td><td></td><td></td><td></td><td></td><td></td><td></td><td></td></tr>
<tr><td rowspan="9">金融</td><td></td><td></td><td></td><td></td><td>合計</td><td></td><td></td><td></td></tr>
<tr><td></td><td></td><td></td><td></td><td rowspan="10">支出</td><td></td><td></td><td></td><td></td></tr>
<tr><td></td><td></td><td></td><td></td><td></td><td></td><td></td><td></td></tr>
<tr><td></td><td></td><td></td><td></td><td></td><td></td><td></td><td></td></tr>
<tr><td></td><td></td><td></td><td></td><td></td><td></td><td></td><td></td></tr>
<tr><td></td><td></td><td></td><td></td><td></td><td></td><td></td><td></td></tr>
<tr><td></td><td></td><td></td><td></td><td></td><td></td><td></td><td></td></tr>
<tr><td></td><td></td><td></td><td></td><td></td><td></td><td></td><td></td></tr>
<tr><td>合計</td><td></td><td></td><td></td><td></td><td></td><td></td><td></td></tr>
<tr><td>其他</td><td></td><td></td><td></td><td></td><td></td><td></td><td></td><td></td></tr>
<tr><td colspan="2">財產合計</td><td></td><td></td><td></td><td>合計</td><td></td><td></td><td></td></tr>
<tr><td colspan="5">負債</td><td rowspan="4">儲蓄</td><td></td><td></td><td></td><td></td></tr>
<tr><td colspan="2">項目</td><td>今年度</td><td>去年度</td><td>利率</td><td></td><td></td><td></td><td></td></tr>
<tr><td rowspan="3">貸款</td><td></td><td></td><td></td><td></td><td></td><td></td><td></td><td></td></tr>
<tr><td></td><td></td><td></td><td></td><td>合計</td><td></td><td></td><td></td></tr>
<tr><td>合計</td><td></td><td></td><td></td><td colspan="2">現金和
存摺餘額</td><td></td><td></td><td></td></tr>
<tr><td colspan="2">純財產（財產－負債）</td><td></td><td></td><td></td><td colspan="2">收入－支出</td><td></td><td></td><td></td></tr>
<tr><td colspan="2">目標</td><td></td><td></td><td></td><td colspan="2">目標</td><td></td><td></td><td></td></tr>
</table>

我們家的財務報表（　　年度）

（單位：元）

財產				
項目		今年度	去年度	增減
不動產				
	合計			
金融				
	合計			
其他				
財產合計				
負債				
項目		今年度	去年度	利率
貸款				
	合計			
純財產（財產－負債）				
目標				

收入與支出				
項目		今年度	去年度	增減
收入				
	合計			
支出				
	合計			
儲蓄				
	合計			
現金和存摺餘額				
收入－支出				
目標				

國家圖書館出版品預行編目資料

韓國理財訓練師的一行記帳術，朴鍾基著 -- 初版 --
新北市：新視野 New Vision, 2018. 01
冊； 公分 --（view; 2）
ISBN 978-986-94435-1-7（平裝）

1. 家庭理財 2.家計經濟學

421 106020512

View 02

韓國理財訓練師的
一行記帳術

作　者 朴鍾基
出　版 新視野 New Vision
製　作 新潮社文化事業有限公司
電話 02-8666-5711
傳真 02-8666-5833
E-mail：service@xcsbook.com.tw
印前作業 菩薩蠻數位文化有限公司
印刷作業 福霖印刷有限公司

總 經 銷 聯合發行股份有限公司
新北市新店區寶橋路 235 巷 6 弄 6 號 2F
電話 02-2917-8022
傳真 02-2915-6275

初　版 2018 年 1 月